实木层状压缩技术研究

黄荣凤 著

科学出版社

北 京

内 容 简 介

实木层状压缩技术是一项我国具有自主知识产权的速生人工林木材物理改性增强新技术。本书系统论述了实木层状压缩的形成及木材结构调控技术与方法，通过木材内部水分迁移规律、温度分布的变化规律和屈服应力差的形成等方面的研究，揭示层状压缩的形成机制，以层状压缩木材应用于木制品加工为目标，对层状压缩木材物理力学性能的变化规律及其影响因素、层状压缩技术在针阔叶材上的适用性，以及技术推广应用中需要解决的关键科学技术问题等进行了系统研究，为人工林木材替代珍贵阔叶材提供了一条新途径。

本书可作为高等院校、科研单位和企业从事木材科学技术研究、木材加工的科技工作者、教师和学生的参考书。

图书在版编目（CIP）数据

实木层状压缩技术研究 / 黄荣凤著. —北京：科学出版社，2023.7
ISBN 978-7-03-074187-5

Ⅰ. ①实… Ⅱ. ①黄… Ⅲ. ①木材－压缩－技术 Ⅳ. ①S781.7

中国版本图书馆 CIP 数据核字(2022)第 243929 号

责任编辑：张会格 孙 青 / 责任校对：胡小洁
责任印制：赵 博 / 封面设计：刘新新

科 学 出 版 社 出版
北京东黄城根北街 16 号
邮政编码：100717
http://www.sciencep.com

北京厚诚则铭印刷科技有限公司印刷
科学出版社发行 各地新华书店经销
*
2023 年 7 月第 一 版 开本：720×1000 1/16
2024 年 1 月第二次印刷 印张：11
字数：221 000
定价：128.00 元

(如有印装质量问题，我社负责调换)

序

　　木材是大自然馈赠给人类的优质材料，具有加工性能好、可降解、可循环、可再生、绿色环保等显著特征，是经济建设、绿色环境和人民健康的贡献者。我国人工林资源丰富，保存面积居世界首位。我国的木材供给以人工林木材为主，科学高效地利用人工林木材，不仅能满足经济社会发展和人民美好生活对木材的基本需求，而且有利于缓解天然林资源的压力，对于实现"双碳"愿景、建设人与自然和谐共生的社会主义现代化具有十分重要的意义。

　　利用人工林速生材，必须克服因其生长迅速带来的材质方面的缺陷，诸如密度低、材质软、尺寸稳定性差、力学强度达不到使用要求等。如何解决这些问题，一直是木材科学研究的焦点。从 20 世纪 90 年代开始，国内外相关学者在人工林木材改性与增强方面进行了诸多的研究和探索，取得了很多有价值的成果，但真正能够实现工业化应用的技术并不多。中国林业科学研究院木材工业研究所黄荣凤研究员的《实木层状压缩技术研究》一书，从理论和技术两个层面很好地解决了这些问题。

　　该书是黄荣凤研究员十多年来辛勤耕耘所取得的研究成果的集成，详细论述了层状压缩的演进过程及表征参数、层状压缩木材的特性、木材内部水分迁移和热传递与屈服应力分布的关系，阐明了层状压缩的形成机制，验证了层状压缩技术在多种木材及木制品加工中所彰显的适用性；在此基础上，通过对水分、温度、时间、压力等关键要素的精准调控，实现了对木材中的水分渗透和木材弹塑性转化的有效管控，可以根据需要任意调控木材内部的密度分布；同时，研发了基于过热蒸汽加压热处理的定型技术，攻克了层状压缩木材的稳定性难题。层状压缩技术，改善了人工林速生材的结构，提升了木材的性能，所形成的层状压缩木材具有绿色环保、实用性强和尺寸稳定性好等特点，很好地解决了传统整体木材压缩工艺材积损失大的问题，降低了生产成本，在实木地板、实木家具生产领域具有广泛的产业化应用前景，为人工林速生材的高值化、功能化利用开辟了新的途径，是木材科学与技术领域的一项创新性研究成果。

　　该书可作为相关领域广大科研工作者、高等院校教师、企业研究人员、研究生和高年级本科生的参考用书。该书的出版，对助推木材物理改性乃至木材科学领域的发展具有重要意义。

李　坚

中国工程院院士

东北林业大学教授

2023 年 4 月 12 日

前　　言

我国对进口木材的依存度很高，特别是实施天然林全面禁伐政策后，地板、家具等实木制品用优质原材料完全依赖进口，木材资源短缺问题已成为关系到国计民生的战略安全问题。我国人工林面积居世界首位，但由于速生人工林木材存在材质软、密度低、变异性大、尺寸稳定性低等缺点，木材硬度、强度和模量等力学性能，以及尺寸稳定性都达不到实木家具、地板等木制品加工的要求，大大限制了其应用范围。通过科技创新改善速生材的性能，拓展速生人工林木材的用途，提高其经济价值，是实现以人工林木材替代进口珍贵阔叶材、保障国家木材供给安全的有效途径，也是推进林业产业高质量发展的必然要求。

实木层状压缩技术，是以速生人工林木材的高附加值利用为目标，针对人工林木材在木制品加工应用中存在的多种缺陷，开发的木材物理改性技术。其核心技术是在湿、热协同作用下，控制木材内部的弹塑性转化过程，通过机械力压缩，在木材厚度方向上形成疏密相间层状结构，再经过定型处理，获得高稳定性的层状压缩木材。层状压缩木材不仅强度高、硬度大、尺寸稳定性好，而且质量轻，生产过程和产品绿色环保，可直接用于实木地板、实木家具等木制品加工。层状压缩技术的产业化应用，有望成为解决珍贵木材资源短缺问题的重要途径，从而为林业产业发展，以及"碳中和""碳达峰"目标的达成做出贡献。

层状压缩技术是一项具有自主知识产权的原创性新技术。著者经过近 12 年的研究和探索，从基础理论研究到技术成果应用，逐步完善实木层状压缩技术。研究成果以论文、专利等形式公开发表。目前已经公开发表层状压缩技术相关论文近 30 余篇，授权日本发明专利 1 件，中国发明专利 8 件，授权实用新型专利 4 件，构建了涵盖层状压缩形成机制、层状压缩的控制方法、压缩变形固定、层状压缩及压缩变形固定处理设备、产品加工技术与标准等比较完整的知识产权和技术体系。

本书的研究工作获得了国家自然科学基金面上项目"水热控制下木材层状压缩形成机制及其可控性"（31670557，2017～2020 年）和"基于过热蒸汽压力和介质组成的木材塑性变形永久固定机理及其适用"（32071690，2021～2024 年）、中国林业科学研究院重大成果转移转化计划项目"杨木表层可控性绿色增强技术示范应用"（CAFYBB2018ZC003）、国家林业局推广项目"实体木材层状压缩技术推广应用"（〔2017〕25）、国家林业局林业专利产业化引导项目"木材湿热压缩增强处理技术产业化示范"（林业专利 2016-1）、国家林业公益性行业科研专项重大项目"实木家具用低质材提质加工技术研究与示范"（201404501）之课题"人工林杨木增强加工技术研究"（201404501-1）、国家林业局 948 项目"木材压缩变形的高频加热固定新技术引进"（2009-4-52）的资助。

本书共 12 章，内容以著者与其指导的研究生共同完成的研究成果为基础，从压缩技术研究进展（第 1 章）、层状压缩的形成（第 2 章）、压缩层位置和厚度的可控性（第 3 章、第 4 章、第 5 章、第 9 章）、层状压缩形成机制（第 6 章、第 7 章）、压缩变形固定（第 10 章）以及层状压缩木材的性质（第 8 章、第 10 章）、层状压缩技术在材料及产品上的适用性（第 11 章、第 12 章）等方面，对层状压缩的形成理论与适用性进行了系统整理和论述。

本书相关研究成果的试验工作由著者与其指导的研究生共同完成，其中，硕士研究生王艳伟完成了第 2 章的主要试验工作；博士研究生高志强完成了第 3 章、第 6 章、第 7 章、第 9 章、第 10 章的主要试验工作；博士研究生李任完成了第 4 章、第 8 章的主要试验工作；博士研究生伍艳梅完成了第 5 章全部和第 7 章的部分试验工作；硕士研究生夏捷完成了第 10 章的部分试验工作。本书由著者本人执笔。

著者

2023 年 1 月

目　　录

第1章　木材压缩技术研究概述

　　木材压缩技术，是将木材进行软化处理后，在外力的作用下压缩木材，使木材细胞壁屈曲变形，以减少细胞腔体积，增加木材的密度，并对压缩变形进行永久固定的木材改性处理技术。压缩后的木材，不仅解剖构造发生了很大变化，而且物理、力学性质也完全不同于素材，其密度、硬度和耐磨性显著提高，强度和模量增大，性能得到显著改善。由于木材压缩技术是通过增加木材实质密度，对木材进行增强处理的技术，因此也称为木材密实化技术。

　　木材压缩技术最早出现于20世纪30年代的美国和德国（Walsh and Watts，1923；Olesheimer，1929）。最初的压缩木，主要用于军用飞机的螺旋桨和船舶的轴承等部件的加工；在民用产品上，主要用来做织布机的梭子、木槌和工具手柄等对强度要求高的特殊产品和部件。早期的这些压缩木制造过程，多数需要对木材进行树脂浸渍处理，以确保压缩木具有良好的尺寸稳定性。从90年代开始，以改善软质木材性能、拓宽人工林木材应用范围为目标的木材压缩技术研究受到世界各国学者和产业界的重视。经过近30年的研究，以木材压缩技术应用为核心，在木材软化、塑性变形形成、压缩木材的性能调控、压缩变形固定及其机制，以及压缩方式和压缩工艺等方面的基础理论和技术逐步得到完善，目前已经形成了原木整形压缩、锯材整体压缩、单板压缩、锯材表层压缩、实木层状压缩以及高频加热软化和变形固定等压缩木加工技术体系，压缩木在地板、墙板、家具和工艺品上实现了商业化应用。

1.1　木材的可塑性

1.1.1　木材的可塑性机制

　　木材是由细胞构成的多孔结构材料。木材细胞壁是以木质素和半纤维素为基质，以螺旋状排列的纤维素微纤丝为骨架结构的天然高分子聚合物。干燥状态下，木材是缺乏塑性的材料，但是，在水和热的作用下基质被软化时，木材即可转变为塑性材料（Norimoto，1993；李坚等，2009）。由此可见，具有可塑性的木材，通过干燥或湿热处理，就可以实现弹性和塑性间的转化。

　　木材组分中的纤维素是由许多葡萄糖残基以糖苷键相互连接而形成的线性高聚物，并以结晶相和无定形相共存的形式，形成纤维素结晶区和无定形区（非结晶区）共存的结晶结构。在纤维素结晶区，纤维素分子链的排列定向有序，具有稳定的结晶格子结构。在纤维素的非结晶区，由于分子链间的结合度和排列的定向性低，间隙大，不构成稳定的结晶格子结构。半纤维素和木质素共同构成基质物质（matrix），填充在纤维素间，构成木材的细胞壁（李坚，2014）。单纯的无定形高分子聚合物在较高温度、较大外力长时间的作用下所处的力学状态，即塑性态，会产生随着时间延长而增长的不可逆形变（田民波，2015）。木材中纤维素非结晶区、半纤维素和木质素具有无定形高分子聚合物的塑性特性，纤维素结晶区具有弹性特性，木材中这种结晶区与无定形区并存的结构和组成，是木材具有可塑性的主要原因。

木材组分中，纤维素的非结晶区、半纤维素和木质素分子对极性分子有很强的亲和性，使木材容易吸湿膨胀，是木材由弹性转变为塑性的重要内在因素之一。木材的可塑性可以解释为，在水、氨气或低分子的醇、酚等极性液体或气体环境中，木材很容易膨胀，使木材组分子间的结合力减弱，降低木材的玻璃化转变温度，由弹性转变为塑性。同时，高温会加速分子的热运动，使木材软化（Morisato et al.，1999；李坚等，2009），由弹性转变为塑性。这种转变在分子水平上表现为，热或者极性分子作用于木材后，使纤维素非结晶区、半纤维素和木质素分子间结合力减弱，在外力作用下分子链间很容易相互位移并在新的位置重新结合，形成纤维素微纤丝与基质界面分子间的相对位置错移（Norimoto，1993；Keckes et al.，2003），同时，这种错移现象也发生在细胞壁的各层级间（李坚等，2009）。木材细胞壁组分具有的这种吸湿膨胀性和热软化特性作用下的可塑性，为木材塑性变形提供了可能。

1.1.2 木材塑化处理方法及其作用机制

湿热处理、极性溶剂处理、氨处理和碱处理都可以实现木材的塑化（Shiraishi，1986；城代進と鮫島一彦，1996；李坚等，2009），但这些处理方法的塑化作用机制不同。

1.1.2.1 湿热作用下的塑化

热和水作用下的木材可塑性，是由于木材中无定形高分子物质，在低温、干燥状态下，木材组分高分子链布朗运动的冻结，使木材组分高分子聚合物呈现玻璃态，如果温度升高，或者吸收水分，可以使自由体积增加，木材组分分子主链开始布朗运动，转变为高弹态。热和水作用下的木材塑化处理包括蒸煮、水蒸气加热、微波或高频加热等方法。

1.1.2.2　极性溶剂作用下的塑化

极性溶剂作用下的木材可塑性，是由于极性溶剂可进入构成木材分子的分子链间，减弱了分子间的结合力，分子链间距离增加，分子链间相互聚合性减弱，使木材呈现塑性。甲酰胺、酰胺（基）类、丙三醇等湿润性的多元醇类都可以增加木材的塑性。

1.1.2.3　氨或胺类化合物处理下的塑化

氨或胺类化合物处理下的木材可塑性，是由于氨和胺类化合物不仅能对细胞壁的非结晶区域产生膨润作用，而且能进入纤维素结晶区的晶格中，形成带有氨或胺的纤维素结晶构造，使晶格的间距扩大，木材呈现可塑性。

1.1.2.4　碱处理下的塑化

碱处理下的木材可塑性，是由于木材浸入 10%～15%的碱性水溶液（主要是氢氧化钠溶液）中时，部分半纤维素、木质素被溶解，导致木质素基质网络出现局部缺失或塌陷，纤维素微纤丝也因为形成碱性附加物，破坏了与基质间的平衡，细胞壁很容易产生屈曲变形，呈现可塑性。碱处理后，木材的纤维方向会形成 10%左右的收缩，这也使木材更容易在纤维方向拉伸。因此，与水和热处理相比，碱处理的木材更容易实施较大幅度的弯曲加工。碱处理后的木材，再浸注甘油或聚乙二醇等有遮蔽修复效果的溶液，可防止塌陷等缺陷的产生。

1.2　木材湿热软化

1.2.1　木材的湿热软化特性

木材是一种复杂的天然高聚物，其主要成分纤维素、半纤维素和木质素的特性及所占的比例，直接影响木材的可塑性（Takamura，1968；Yokoyama et al.，2000；Furuta et al.，2010）。Goring（1963）对木材三大组分在干、湿状态下的软化特性研究结果表明，气干状态下，纤维素、半纤维素和木质素的玻璃化转变温度分别为 231～253℃、167～217℃和 134～235℃；在湿润状态下，半纤维素和木质素的玻璃化转变温度分别降低到 54～142℃和 77～128℃，但纤维素对水分不敏感，即使在湿润状态下，其玻璃化转变温度也几乎不发生变化（表 1-1）。这一研究结果作为木材软化的重要依据被多部论著引用（城代进与鲛岛一彦，1996；李坚等，2009，2011；刘一星和赵广杰，2012）。

表 1-1　木材主要成分在干湿条件下的玻璃化转变温度

木材成分	玻璃化转变温度/℃	
	干燥状态	湿热状态
纤维素	231~253	222~250
半纤维素	167~217	54~142
木质素	134~235	77~128

　　Takamura（1968）进一步详细分析了含水率对木材三大组分的影响，结果表明（图 1-1），半纤维素和木质素的玻璃化转变温度随着含水率的增加显著降低。在绝干状态下，半纤维素和木质素的玻璃化转变温度分别是 180℃左右和 150℃左右，在含水率 80%左右时，半纤维素的玻璃化转变温度降低到 20℃，而在含水率 20%左右时，木质素的玻璃化转变温度降低到 80℃左右，之后随着含水率的增加玻璃化转变温度几乎不会降低。可见，水分和热量都能对木材组分起到增塑作用，特别是湿热共同作用下增塑作用更加显著。

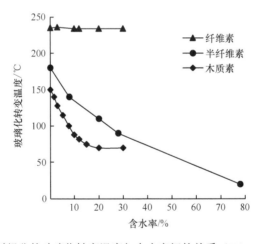

图 1-1　木材组分的玻璃化转变温度与含水率间的关系（Takamura，1968）

　　木材的三大组分中，纤维素的非结晶区、半纤维素和木质素都具有水分亲和性，对木材软化起着重要作用。当木材含水率在纤维饱和点以下时，木质素的软化温度比半纤维素低 20~30℃。木质素含水率从 0%增加至 10%时，软化温度会降低近 80℃，因此可以认为木质素的软化点与是否存在水分关系密切，木材组分中，木质素的含量和软化特性是影响木材软化的主要因素（Yokoyama et al.，2000；Furuta et al.，2010）。纤维素的软化温度在 240℃左右，远远高于木材压缩所需的软化温度范围，而且其玻璃化转变温度不受含水率影响，因此对木材软化特性的影响很小（Higashihara et al.，2003）。

　　木材三大组分纤维素、半纤维素和木质素构成木材的细胞壁结构，类似于钢筋混凝土结构，纤维素微纤丝如同钢筋，半纤维素和木质素组成的复合物如同水泥和砂石基质组成的填充物。纤维素的软化温度不受水分影响，而且热软化温度在 230℃以上，但木材细胞壁基质具有可塑性，可以在水和热的作用下软化呈现塑性特征，也可以通过干燥和冷却呈现弹性特性。木材细胞壁的这种结构组成和主要组分的湿热软化特性，为木材压缩、弯曲等可塑性加工利用提供了可能性。

1.2.2　软化点的确定

　　木材软化点是评价木材软化的重要指标。玻璃化转变温度（图 1-2）和应力屈服点（图 1-3）是表征木材软化最常用的参数，也可以用弹性模量随温度升高的急剧变化点表征木材的软化点（李坚等，2009；李坚 2014）。

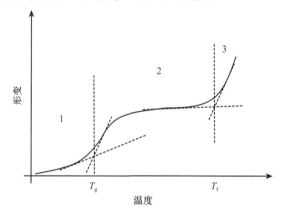

图 1-2　典型无定形高聚物的温度-形变曲线（王承鹤，1994）

1. 玻璃态；2. 高弹态；3. 黏流态。T_g 和 T_f 分别表示玻璃化转变温度和黏流温度

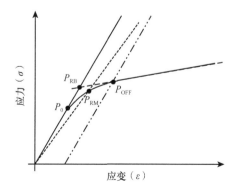

图 1-3　木材应力-应变曲线（Yoshihara and Ohta，1997）

P_0、P_{RB}、P_{OFF}、P_{RM} 分别是"非补偿法"、Reilly-Burstein 法、"应变补偿法"和"缩减弹性模量法"得到的屈服点

木材是由纤维素、半纤维素和木质素以及少量有机内含物和无机物组成的复杂的高分子材料。纤维素大分子是由许多葡萄糖残基相互以糖苷键组成的线性聚合物。纤维素大分子的聚集态十分复杂,其超分子结构是以结晶相形成的结晶区和无定形区共存的二相结构。结晶区的纤维素分子链有序定向排列,密度较大,侧链的羟基可以形成氢键,构成一定尺寸的结晶格子。无定形区纤维素分子链无定向排列,分子间距离较大。结晶区与无定形区间无严格界面,是逐渐过渡的。木质素是具有芳香族特性的、非结晶的、三维结构空间的高聚物。纤维素是木材细胞壁的骨架物质,其中填入由半纤维素和木质素共同构成的基质物质,半纤维素在纤维素和木质素之间起连接作用(李坚,2014)。木材组织构造和化学成分的复杂性,决定了木材中各组分的软化特性存在很大的差异。

在木材的弹塑性分析中,应力屈服点决定着材料在塑性区域的应力-应变关系,同时也决定了塑性变形潜能(Yoshihara and Ohta,1994)。但由于木材成分和结构非常复杂,应力-应变关系的拐点不明显(图1-3),在应力-应变曲线中很难确定屈服应力,也无法得到准确的应力屈服点。而且,木材的应力-应变关系因树种、木材的组织构造、压缩方向、木材含水率和温度的不同而差异非常显著(Liu et al.,1993;Tabarsa and Chui,2000,2001;Chui and Tabarsa,2007)。因此,应力屈服点以及屈服应力的确定是分析木材塑性变形的关键点。目前木材压缩应力-应变关系的研究,主要是以干燥木材和饱水木材为对象,分析水分对应力-应变关系以及屈服应力的影响(Liu et al.,1993;Norimoto,1993;Yoshihara and Ohta,1994;Chui and Tabarsa,2007)。

高分子聚合材料应力屈服点的确定方法有4种(Yoshihara and Ohta,1997)。第1种方法是以应力-应变曲线中弹性阶段与塑性阶段的交叉点作为屈服点(图1-3中P_0),这种方法又称"非补偿法"。第2种方法是以应力-应变曲线中屈服点前后弹性段2条直线延长线的交点为屈服点(图1-3中P_{RB}),也称赖利-伯斯坦(Reilly-Burstein)法(Reilly and Burstein,1975)。这两种方法的缺点是屈服点的确定取决于试验者的观察,不同试验者得到的结果有偏差。第3种方法是以应力-应变曲线与应变补偿直线的交点为屈服点(图1-3中P_{OFF}),又称"应变补偿法"(Raghava et al.,1973),其补偿值一般为0.2%~3%。第4种方法是以应力-应变曲线与缩减一定弹性模量值后应力-应变直线的交点为屈服点(图1-3中P_{RM}),也称"缩减弹性模量法",一般弹性模量缩减值为3%~5%,该种方法也是日本工业标准规定的方法。这4种方法得到的屈服点的屈服应力有很大差异,其中"非补偿法"与其他3种方法得到的屈服点的屈服应力相差1.2~2.5倍之多(Yoshihara and Ohta,1997)。由于木材的应力-应变关系与木材组分、含水率等因素密切相关,因此,在确定软化点时,需要依据木材特性选择合理的应力屈服点计算方法。

1.2.3　湿热软化处理方法

1.2.3.1　微波加热软化

用微波加热饱水木材或较高含水率的木材时，在微波场作用下木材内部的水分子以及羟基等极性分子产生摆动，相互之间摩擦生热，使木材软化。由于微波加热属于电磁波加热，微波辐射过程中，首先从木材内部开始加热，因此，一般情况下木材内部温度较外部温度高 10℃以上。这种对高含水率木材实施的由内而外的加热方式，能够确保木材充分软化，特别适用于弯曲木的加工。

1.2.3.2　高频热软化

高频加热的原理是当木材作为被加热物体（电介质）处于高频电场中时，电介质内部具有正负极性的偶极子就会顺电场方向排列。在电场每秒数百万次极性变化的作用下，偶极子产生剧烈运动，摩擦发热。高频加热是在电磁波的作用下，被加热物体自身发热，因此，此方法适合于多种尺寸木材的快速、均匀加热。但由于采用高频加热软化木材时，木材含水率过高，会出现击穿现象，含水率过低，木材得不到充分软化，因此对木材含水率要求比较严格，一般要求木材含水率在 12%~18%，才能利用高频加热软化木材。

1.2.3.3　蒸煮软化

利用水对纤维素的非结晶区、半纤维素和木质素进行润胀，采用热水浸渍或蒸煮的方式，对木材进行由外到内的浸润和加热。蒸煮法软化木材，以水作为木材软化剂，成本低且环保，自古以来，民间就用这种方法软化木材后进行弯曲木和压缩木的加工。但由于木材渗透性和导热性能的限制，水和热从木材表面传递至木材内部需要一定的时间。采用高压水蒸气处理可以有效缩短木材软化时间，增加木材软化的均匀性。

1.2.3.4　热板加热软化

在一定温度的热板夹持下，对木材进行加热软化。热板加热的热传递方式与蒸煮法相近，是由外而内逐渐加热的。由于加热过程中很难进行水分补充，因此，需要利用木材自身的水分作为传热介质，传递水分和热。热板加热软化时，需要依据木材含水率和木材厚度确定热板温度和软化时间，才能使木材充分软化。

1.3　木材压缩与回复

1.3.1　压缩变形的形成及回复机制

木材之所以能够被压缩，主要取决于三个方面（黄荣凤等，2018）。一是木材具有的多孔性构造和细胞壁的层状结构，为细胞壁屈曲变形提供了空间。二是构成木材多孔结构骨架的细胞壁成分具有可塑性，在遇到水、氨、低分子醇、酚等极性无机或有机气体或者液体时会产生膨胀，使木材的弹性模量降低，软化温度下降，成为塑性材料（Morisato et al., 1999；李坚等，2009）。三是外力作用。湿热状态的木材，在外力的作用下细胞壁发生屈曲变形，细胞腔体积减小，木材的密度增大，形成压缩密实化木材。

在干燥状态及饱水状态下，沿木材径向或弦向压缩时的应力-应变关系如图1-4和图1-5所示。由于干燥木材是一种缺乏塑性的材料，在常温下压缩（图1-4），当施加的外力超过弹性变形允许的范围时，木材细胞壁很容易被破坏，导致木材被压溃。但木材在高温或高含水率条件下，由于木材细胞壁被软化而成为塑性材料，从垂直于纤维方向压缩木材（横纹压缩）（图1-5），当外力超过弹性变形允许范围时，细胞壁首先发生屈曲变形，随着外力的增大，细胞腔体积减小，直至如

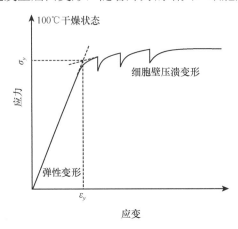

图 1-4　干燥状态下木材径向压缩应力-应变曲线

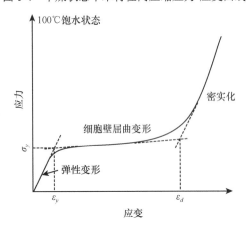

图 1-5　饱水状态下木材径向压缩应力-应变曲线

图 1-6B 所示的完全消失（Liu et al.，1993；Norimoto，1993；Reilly ang Burstein，1975），从平行于纤维方向压缩木材（顺纹压缩），即使在很大的压缩变形下，木材结构也不会被破坏。可见，木材软化是木材塑性压缩变形的必要条件，也是木材压缩技术的重要研究内容之一。

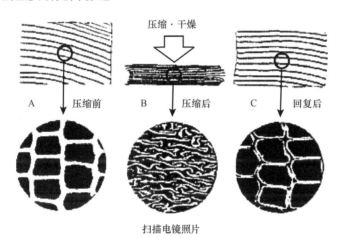

图 1-6　日本柳杉木材压缩前（A）、压缩后（B）和回复后（C）的木材横截面照片及扫描电镜照片（井上雅文，2002）

　　塑性变形后的木材在变形束缚状态下降温和干燥时，随着微纤丝表面的纤维素、半纤维素和木质素分子中吸附的水分子解吸，分子间形成氢键，外力作用产生的能量就会以弹性能（elasticity energy）和熵能（entropy energy）的形式储存在结晶态的微纤丝和基质中（Norimoto，1993），形成干燥变定（drying set）。但是，如果再次进行湿热处理，塑性变形就会因储存在木材中的弹性能和熵能释放而恢复原状（飯田生穂と則元京，1987；Norimoto，1993）。温度 20～100℃范围内压缩的木材，当湿热处理温度达到压缩温度时，回复率达到 85%～95%（Norimoto，1993）。图 1-6 是日本柳杉木材压缩和水煮回复后的木材横截面照片及扫描电镜照片。由湿热软化压缩后的木材在湿热环境下几乎可以完全回复原状的特性可以认为，塑性变形的形成过程几乎不改变木材组分的吸湿性和湿热软化特性，干燥变定状态下的木材中储存的能量在湿热环境下释放，是导致塑性变形不稳定的原因，也是塑性变形固定研究的切入点。

1.3.2　压缩方式

1.3.2.1　整体压缩

　　整体压缩是将木材整体软化后，在一定压缩率下对木材进行压缩密实处理，并对压缩后的木材进行变形固定的压缩木制造技术。湿热软化处理后的整体压缩，主要包括锯材整体压缩、原木整形压缩、单板压缩以及高频、微波加热软化压缩等方法。整体压缩的软化过程，一般只强调软化温度和保持时间，以保证木材得到充分软化，因此，多数研究都是在饱水或饱和水蒸气条件下实施木材软化（Norimoto，1993；Inoue et al.，1993a，1993b，1998，2000；Udaka and Furuno，1998；Udaka et al.，2000；足立幸司と井上雅文，2006；李坚，2014；Navi and Pizzi，2015），但高频加热软化压缩时，需要控制木材含水率。

锯材整体压缩是将原木制成锯材，实施软化处理后，在一定压缩率下对木材进行横纹压缩，并对压缩后的木材进行变形固定的压缩木制造方法。一般整体压缩的形式如图 1-7 所示，整体压缩下木材的密度和力学性能的提高主要依赖压缩率，压缩率越高，压缩木材的密度越大，力学性能的改善效果越显著。整体压缩的压缩率依据被压缩木材的原始密度以及压缩木的目标用途确定。

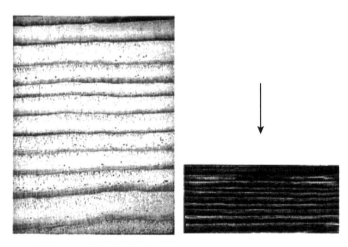

图 1-7　云杉木材整体压缩（Navi and Girardet，2000）
箭头指示压缩方向

原木整形压缩也是一种木材整体压缩方式，其目的主要是改变木材的形状，如将原木直接压缩成方形或者任意形状。整形压缩是将原木进行湿热软化处理后，放入专用的模具中，实施机械力压缩成型，并对压缩成型木材进行变形固定的压缩木制造方法。图 1-8 是日本学者开发的原木整形压缩方法（林贞行他，1995），利用这种方法可以将原木直接加工成正方形、矩形、圆形或者其他形状的木材，而且整形压缩不仅可以对单根木材进行压缩，也可以对多根原木同时带树皮或者不带树皮进行压缩（图 1-9、图 1-10）。这种压缩方法不需要制材，特别适用于小径材和间伐材的压缩利用。

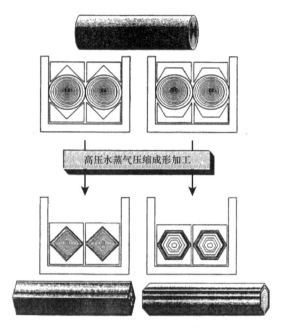

图 1-8　原木整形压缩（林贞行他，1995）

图 1-9　带树皮小径材整形压缩（林贞行他，1995）

图 1-10　去树皮小径材整形压缩（林贞行他，1995）

单板压缩是将木材加工成一定厚度的单板，对单板进行喷蒸、软化处理后压缩，并在高温下进行过热蒸汽或者饱和蒸汽固定处理的木材压缩方法。压缩和固定处理时，热板温度需要达到180℃以上。

1.3.2.2 表层压缩

表层压缩是采用特殊处理方法，使表层一定深度范围内的木材被压缩，内部完全不被压缩或者压缩率很低的木材压缩处理技术，主要包括表层树脂浸渍法和表层高温热软化法两大类方法。表层树脂浸渍法，是将需要浸渍树脂的木材表层部分以外的部分用硅胶包裹后，表层浸渍酚醛树脂、软化、压缩并进行固定（Inoue et al.，1990，1991），或者用特制的辊压装置将木材表层压缩后，采用酚醛树脂或热处理等方法进行固定（長谷川良一と児玉順一，2007，2008；児玉順一他，2010）。表层高温热软化法，是采用热板夹持木材并保持一定的时间，使木材表层一定厚度范围内软化后压缩，并进行变形固定（涂登云等，2012）。热板温度必须高于木材的软化温度，一般要在180℃以上。

1.3.2.3 层状压缩

层状压缩，是通过水热分布的调控，将木材的表层至中心的任意部位进行定向压缩密实，形成压缩层和未压缩层同时存在的压缩木加工技术（黄栄鳳他，2012）。这种压缩方法要在木材内部不同层面上形成屈服应力差，因此需要进行分层软化处理。

水热控制下的层状压缩是一种新型压缩方式（黄栄鳳他，2012），是利用木材多孔性和各向异性的特点，以及木材组分的吸湿解吸特性，通过工艺过程设计实现的。如图 1-11 所示，层状压缩木材的压缩层密度达到 0.8g/cm^3 以上时，未压缩层基本保持原有的密度，而且压缩层的形成位置是可控的（黄栄鳳他，2012；王艳伟等，2012；夏捷等，2013；Gao et al.，2016），层状压缩技术适用于所有的针阔叶材（图 1-12）。这种压缩方式不仅克服了单纯高温热软化表层压缩存在的压缩层厚度小、压缩断面的密度呈线性梯度分布的缺点，而且由于压缩层形成的位置和厚度具有可控性，能够依据结构材料对硬度、强度和模量的要求，通过木材内部湿热分布的调控和压缩，形成疏密相间的层状结构木材，增加材料刚度。层状压缩木材的这些特性在一定程度上可以解决木材整体压缩材积损失大的问题，处理过程中不使用任何化学药剂，具有环保性。

1.3.3 木材压缩技术亟须解决的问题

以低密度人工林木材高附加值利用为目标的木材压缩技术研究开展 20 多年

来，世界各国学者围绕木材湿热软化压缩问题，从木材软化、压缩变形固定等处理方法到形成机制，开展了深入广泛的研究，而且已经取得了大量有价值的研究成果。在木材整体压缩情况下，形成了原木整形压缩、锯材整体压缩、单板压缩等比较完整的技术体系，利用高频加热技术开发了加热软化和变形固定的一体化技术，并且实现了工业化应用。但由于木材压缩密实化过程会带来材积损失，而且随着压缩木力学性能的提高，材积损失逐渐增加，压缩木的制造成本也随之增加，限制了压缩木的商业化应用。

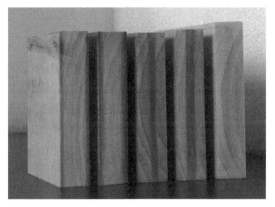

图 1-11　层状压缩木材的实物照片（彩图请扫封底二维码）

树种为杨木，从左到右分别为表层压缩 5mm、10mm，中心层压缩 5mm、10mm，未压缩的对照材

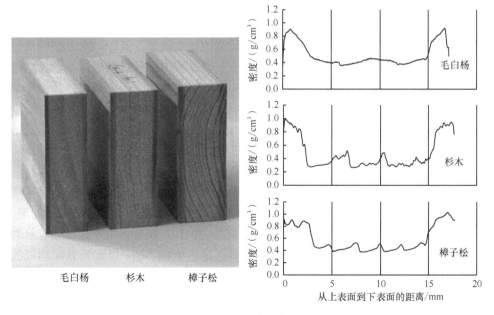

图 1-12　表层压缩增强木材的实物照片及其密度分布图（彩图请扫封底二维码）

虽然业界关注到木材表层压缩方法可以减少材积损失，降低压缩木的加工成本，而且各国学者也通过表层树脂浸渍方式和高温热压方式开展了一些表层压缩研究，但并没有从形成机制、压缩层控制等方面开展深入系统的研究。水热控制下的层状压缩技术，在降低压缩木加工成本和压缩层控制方面取得了突破。

在整体压缩的情况下，对于木材软化问题，只需要考虑达到软化温度并保持一定的时间，以使木材从表层到中心部位整体软化，一般采用蒸煮法处理就能达到软化的要求。而层状压缩需要在整体压缩技术的基础上，解决以下三个科学问题。

1.3.3.1 木材软化和应力屈服点的问题

从理论上分析，层状压缩的形成主要利用的是木材内部屈服应力的差，而屈服应力的差来源于木材内部温度和含水率的梯度分布。而目前仅有干燥木材和饱水木材的软化及应力-应变关系的研究成果，不足以支持层状压缩形成的研究。因此，探明木材软化点和屈服应力随含水率和温度的变化规律，分析和把握木材内部可能形成的屈服应力的差值范围，是层状压缩需要解决的首要问题。

1.3.3.2 热板加热下木材的传热传质问题

木材是一种天然有机多孔材料，无论是其固相骨架细胞壁还是细胞腔、细胞间的间隙等孔隙结构，以及水分存在形式都比较复杂，因而，影响木材传热传质规律的因素很多，在建立模型时涉及的参数也多，如木材密度、导热系数、水分扩散系数、比热容、加热温度、初始含水率、纤维饱和点等（俞昌铭，2011）。

木材的传热传质问题一直是木材干燥研究的核心问题，其中，水分扩散规律是干燥过程数字模拟的理论基础，因此关于干燥过程中水分扩散规律，以及水分扩散的非稳态模型方面的研究报道很多（Schmidt，1967；Bramhall，1979；李延军等，2007；李梁等，2009）。热板加热下的传热传质问题最早也是作为木材干燥研究中的一个科学问题被提出的（Crank，1956）。单板干燥主要考虑湿热的水平分布问题，多用二维非稳态模型分析干燥过程中的传热传质规律。

在研究锯材干燥过程中，由于上下热板的加热条件对称而均匀地施于木材的上下表面，使平板内水平方向的热传递很微弱，可以忽略不计，只需要计算厚度方向的热传递和气体的渗流，传热传质过程可以简化为一维非稳态传热传质问题，并建立数学模型，分析传热传质规律（俞昌铭，2011）。既有自由水又有吸着水的木材加热后，作为含水率分界线的纤维饱和点是一个临界值，以此为界限构成的干湿界面是木材传热传质模型的重要参数。Tang 等（1994）在假设加热界面上的温度保持在水的沸点温度（约 100℃），并在满足一维非稳态的假设和边界条件下建立了热板加热下的干湿界面退却模型，以及一维非稳态传热模型和传质模型（图 1-13），分析了热量和水分的传递规律以及干、湿界面的退却规律。汪佑宏等（2005，2008）参考这个模型的假设条件和边界条件，分别建立了马尾松锯材在热压干燥过程中的传热模型和传质模型，并且分析了理论值和实测值的偏差。以上关于木材干燥过程中传热传质方面的研究成果可以作为木材层状压缩中湿热梯度分布的形成与调控的重要参考和理论依据。

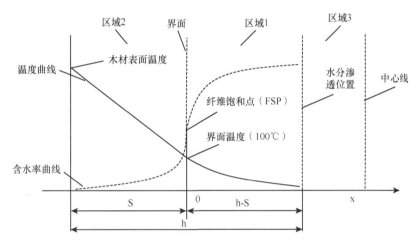

图 1-13　热压过程中热量传递和界面退却模型（仿 Tang et al.，1994）

1.3.3.3　层状压缩形成问题

由于木材是各向异性的多孔性材料，三个方向上的细胞及组织的排列方式不同，因此木材的三个断面的水分渗透性差异极其显著。木材轴向水分的渗透速度是弦向的 5000～50 000 倍，是径向渗透速度的 500～8000 倍（高橋徹与中山義雄，1995）。根据这个结果，著者开展了探索性研究，结果表明，利用木材三个断面渗透性的显著差异，对木材横截面进行封闭处理，阻断水分从横截面进入木材内部，通过浸水、放置、热板加热等处理，可以使木材内部的各个层面上形成含水率差异显著的梯度分布，压缩后能够获得层状压缩木材（黄荣凤他，2012；王艳伟等，2012；夏捷等，2013），说明著者关于层状压缩形成的研究思路是正确的。但要实现层状压缩的可控性，必须从木材软化和塑性变形的湿热响应机制、木材湿热梯度分布的形成与调控等方面深入研究。

1.4　压缩变形固定

木材组分的吸湿、解吸和热软化特性，使木材通过干燥或湿热处理就可以实现弹塑性转变，也可以使塑性变形以干燥变定的形式临时固定和恢复原状，这种木材在干-湿状态下的弹塑性转化特性，为木材物理改性增强提供了可能性，但同时也是导致木材塑性变形不稳定的主要原因。即使是脱木质素后再压缩获得与金属材料相当的高强度、高韧性材料的塑性改性木材，虽然力学性能得到显著提高，但在湿热环境中同样表现出不稳定性（Song et al.，2018）。因此，湿热软化压缩形成的压缩变形永久固定问题成为木材压缩技术的另一个重要研究内容。

压缩变形固定方法主要包括化学处理和物理处理两大类。化学处理主要是采用气相或液相化学处理，使分子间发生交联反应（Pfriem and Dietrich，2012；Buchelt et al.，2014），以降低木材的吸湿性能，或采用降低木材组分吸湿性的疏水处理（Inoue et al.，1990，1991）等方法减少压缩变形的回复率。物理处理主要是采用热处理或饱和蒸汽处理方法，通过释放木材内部应力（Inoue et al.，1993a，1993b；Dwianto et al.，1997，1998，1999），减少压缩变形的回复率。这两类处理都可以将木材压缩变形永久固定，但热处理或饱和蒸汽处理等物理方法因其绿色环保、低成本和工艺简单等特点，更具有商业化应用优势和前景。以下围绕压缩变形永久固定的物理方法研究进展进行论述。

1.4.1 压缩变形永久固定的概念及表征

目前国内外学者表述的压缩变形永久固定的概念，通常是指压缩变形固定处理后的木材，在水煮状态下不发生回复（Norimoto，1993）。在实际应用中，压缩变形固定处理后的木材，如果能够在常温下吸水至饱水状态后不发生回复或者在高温高湿环境中的吸湿回复率低于 5%，作为实木地板等木制品加工用材料使用，尺寸稳定性已经能够达到国家标准规定的要求（黄荣凤等，2019）。因此，吸水回复率和吸湿回复率是压缩木稳定性评价的重要参考指标。

压缩变形固定效果的表征，主要采用吸湿回复率、吸水回复率和水煮回复率 3 个参数，而真正意义上的压缩变形永久固定，应该达到塑性变形在极性溶液中不回复的水平（Higashihara et al.，2000）。

关于湿热处理固定压缩变形问题，日本学者从 20 世纪 90 年代开始做了大量研究，结果表明，采用开放式的常压热处理方法永久固定压缩变形，需要进行长时间的处理，如 180℃下需要 20h，200℃下需要 5h。回复率和抗胀缩率之间存在显著的负相关关系，当抗胀缩率达到 40%时，变形会完全被固定。采用饱和蒸汽处理，短时间就可以使塑性变形永久固定，如 180℃下需要 8min，200℃下需要 1min。采用的方法和设备是，在装有压机的耐压容器内，对木材进行径向压缩后，在保持变形状态下，向容器内导入饱和蒸汽，应力很快就消失了。但是，在对木材进行饱和蒸汽处理后再进行压缩，形成的变形，经过水煮处理后，回复率达到 50%以上。因此，要使压缩变形得到永久固定，在保持变形的状态下，对压缩后木材进行饱和蒸汽处理是必要的（Inoue et al.，1993a）。与常压热处理相比，在密闭状态下利用木材中水分增压热处理，永久固定所需时间会大幅度减少（Inoue et al.，1993b，1998；Udaka and Furuno，2003）。这些研究中永久固定的试验结果，是将固定处理后的压缩木材浸入水中后抽真空 30min，之后在常压下水中放置 3.5h，再放入沸水中煮 30min，进行 5 个周期的煮沸-干燥循环后测得的。

　　2005 年以后，虽然有关于降低压缩木材回复率方面的研究报道，但多数研究的目标都是通过热处理降低压缩变形回复率、提高压缩木材尺寸稳定性，很少提及塑性变形的永久固定（Gong et al.，2010；Kutnar and Kamke，2012；Laine et al.，2016；Chen et al.，2020）。Gong 等（2010）将杨木单面表层密实化后，再进行 190℃、200℃和 210℃的常压热处理，发现 200℃的热处理可以使压缩木材的水煮回复率从 32%降低至 3%，但 210℃处理的压缩木材回复率为 8%，以此推断 200℃热处理是降低厚度膨胀率的一个临界值。Kutnar 和 Kamke（2012）对压缩后的杨木在 200℃下进行 1～3min 的饱和蒸汽处理固定塑性变形，得出压缩变形固定必须实施 200℃的饱和蒸汽处理的结论，回复率测定，采用的是 5 个周期的 24h 吸水-干燥循环试验方法。Laine 等（2016）研究表明，欧洲赤松压缩木材经过 200℃的热蒸汽处理 6h 后变形回复率小于 2%，木材回复率的测定采用的是 1 个周期的 24h 吸水回复率。Chen 等（2020）将热压机单面热板加热至 150℃后，对木材预热处理 30s，压缩 240s 后再保持压力 1min，实施杨木单面压缩和固定，采用 3 个周期的 24h 吸水-干燥循环试验方法测定压缩木材的回复率降低至 3.6%。王艳伟等（2012）对表层压缩杨木实施 185℃、4h 热处理后，采用抽真空浸水、水煮的方法测定的吸水和水煮回复率分别由 21.9%和 61.7%降低至 20.4%和 44.7%，回复率降低了 30%和 28%。由于这些研究采用了不同的回复率测定方法，会对固定处理效果的科学评价产生一定的影响。研究表明，相同条件下热处理固定的压缩木材，在抽真空饱水状态下测定的吸水回复率比 24h 吸水高 4.60%，水煮状态下回复率比 24h 吸水高 40%（Xiang et al.，2020）。可见，因试验方法和试样尺寸不同，压缩变形固定效果的表征存在差异，这会影响对处理效果的科学评价。目前多数研究中回复率测定时未达到吸水至饱水状态，也未涉及水煮状态，因此这些结果还不能用于压缩变形永久固定效果的评价。

　　过热蒸汽加压热处理是将压缩木材在带有水蒸气压力的环境中实施压缩变形固定的一种处理方法。黄荣凤等（2019）在 160℃的热压机上对桦木和番龙眼地板基材实施 2mm 表层微压缩后，在 180℃、0.3MPa 过热蒸汽压力下，实施 2h 蒸汽压力热处理，在温度 40℃、相对湿度 90%条件下测定了 2 种微压缩木材的吸湿回复率，发现番龙眼木材的回复率由 17.7%降低至 1.7%，桦木的回复率由 22.2%降低至 4.3%，说明树种本身固有的吸湿性对处理效果也会产生影响。表层压缩杨木在 200℃、0.3MPa 的过热蒸汽压力下，实施 2h 的热处理，可以将吸水回复率和水煮回复率由常压处理的 9.7%和 24.6%降低至 2.6%和 5.0%左右，也就是说，这种处理方法可以将 95%的压缩变形永久固定。在相同的处理温度和处理时间条件下，与常压热处理相比，0.3MPa 的过热蒸汽加压热处理可以使压缩木材的回复率降低 67%以上，表明蒸汽压力对压缩变形固定的效果极显著（高志强等，2017；Gao et al.，2019），而且过热蒸汽加压热处理能够显著缩短压缩变形永久固定所需要的时间。

1.4.2　压缩变形固定对木材性能的影响

湿热处理是以释放木材内应力的方式固定压缩变形的方法。目前湿热处理固定塑性变形的研究可以区分为开放式常压热处理和密闭式加压热处理两大类，主要包括开放状态下热压变形后直接在压机继续加热的热处理，密闭状态下利用木材中水分增压至饱和蒸汽压力的热处理，将形成干燥变定被临时固定的木材放入高温处理窑内热处理，在开放或密闭状态下实施高频、微波等电磁波加热的热处理（Inoue et al.，1993a，1993b，1998，2000；Udaka and Furuno，1998，2003），采用的热源及加热方式包括熔融金属加热、电磁波加热、饱和蒸汽加热等（Inoue et al.，1993a，1998；Dwianto et al.，1997，1998；Udaka and Furuno，1998，2003）。无论采用哪种湿热固定处理方法，在降低回复率的同时，都会对木材物理力学性能产生一定的影响，因此，在不降低木材性能的情况下，实现木材压缩变形的永久固定，是湿热固定塑性变形研究需要解决的关键问题。

开放式常压热处理与密闭状态下饱和蒸汽处理永久固定压缩变形，即水煮后不发生回复所需的温度和时间具有很大差异，同时对物理力学性能的影响也存在显著差异。由于常压热处理固定塑性变形所需的时间远比饱和蒸汽处理所需的时间长，因此带来的强度损失也会增加 5 倍以上，色差增加 1 倍以上。为了更清晰地了解热处理和饱和蒸汽处理永久固定塑性变形的研究现状和效果，从采用的方式、设备、工艺参数以及永久固定引起的物理力学性能变化方面进行了归纳整理，结果如表 1-2 所示。

目前采用的所有处理方法，永久固定塑性变形的必要条件是温度达到 180℃以上。与开放式热处理相比，采用密闭式热处理，相同热处理温度下塑性变形永久固定时间大幅缩短，强度损失和颜色变化也显著减少。密闭式处理时间延长至 3h 的情况下，强度损失达到 30%，说明无论是开放式还是密闭式处理，长时间热处理都会大幅度降低木材的力学性能。利用木材中水分的密闭式热处理，框内压力的大小取决于木材中的水分总量，因此高频或热压机加热下的密闭框内处理都对木材含水率有严格的要求，框内蒸汽压力达到饱和状态时，抑制压缩变形回复的效果与饱和蒸汽处理相近（Inoue et al.，1993b；Udaka and Furuno，2003）。

表 1-2 湿热处理方法固定塑性变形的工艺条件和性能研究结果汇总

处理方式	加热固定方式	加热装置	加热温度/℃	加热时间/min	强度损失/% MOR	强度损失/% MOE	色差/ΔE	回复率/%	参考文献
开放式常压	热压机直接加热	热压机	180	1200	36	5	29	≈0	Inoue et al., 1993a, 1993b
	热压机直接加热	热压机	200	300	—	—	—	≈0	
	微波软化后热压机加热	微波+热压机	250	15	—	—	—	≈0	Udaka and Furuno, 1998
	干燥变定后入釜加热	热压机+热处理釜	200	—	30	22	—	≈3	Gong et al., 2010
	干燥变定后入釜加热	热压机+热处理釜	200	240	—	—	—	13.8	Tu et al., 2014
密闭式加热	高温饱和蒸汽加热	装有压机的耐压容器	180	10	5	7	12	≈0	Inoue et al., 1993a
	高温饱和蒸汽加热	装有压机的耐压容器	200	180	30	1	—	≈0	Rautkari et al., 2014
	高温饱和蒸汽加热	装有压机的耐压容器	150	180	—	—	—	2.6	Navi and Girardet, 2000
	高温饱和蒸汽加热	热压机+耐压容器	200	360	—	—	—	≈0	Laine et al., 2016
	高温饱和蒸汽加热	热压机+耐压容器	200	3	24	—	—	<6	Kutnar and Kamke, 2012
	利用木材中水分增压 MC≥17%	热压机+密闭框	180	10	—	—	—	≈0	Inoue et al., 1993b
	利用木材中水分增压 MC≥24%	热压机+密闭框	200	15	—	—	—	≈0	Udaka et al., 2005
	利用木材中水分增压 MC=18%	高频+热压机+密闭框	200	2	—	—	—	≈0	Inoue et al., 1998
	高温加压过热蒸汽加热	热压机过热蒸汽加热	180	120	3	≈0	—	10.1	Gao et al., 2019

注：MOR, 抗弯强度; MOE, 抗弯弹性模量; MC, 含水率; "—"表示无数据。下同。

此外，塑性变形固定处理会降低压缩木材的硬度。单面压缩的杨木经过200℃左右的喷蒸热处理后，硬度降低38%左右。压缩率40%~50%的欧洲赤松，在200℃蒸汽环境中处理2~6h，硬度明显降低，甚至会降低至压缩前的水平（Laine et al.，2016）。但杨木表层压缩木材在180℃、0.3MPa过热蒸汽环境中处理2h，木材硬度没有显著降低（Gao et al.，2018）。

从研究内容看，目前多数研究的关注点在处理温度和时间对永久固定的影响，以及揭示其作用机制的化学分析和表征上，综合分析永久固定与性能变化关系的研究报道并不多。

综上所述，2005年以前的早期研究，多数塑性变形固定的表征都涉及了吸湿、吸水和水煮3种回复率，但之后的研究以水煮回复率表征固定效果的研究报道很少，吸水回复率的表征主要是用单周期或多周期的24h吸水回复率，而且是在常压状态下浸水，没有进行减压吸水处理。塑性变形固定研究的关注点主要是塑性变形固定后在使用状态下不回复，因此关于机制的研究没有获得更多的进展，多数报道都是引用前人的机制研究成果解释回复率降低的原因。而且目前采用的压缩变形固定处理方法存在永久固定和木材性能变化的相互制约等适用性问题（Inoue et al.，1993a；Rautkari et al.，2014），其作用机制尚未得到科学解释。

1.4.3　压缩变形固定机制研究进展

开放式常压热处理和密闭式加压热处理的分类方式，从处理的综合效果上考虑，可以从常压热处理、饱和蒸汽处理和过热蒸汽加压热处理三个方面总结分析压缩变形固定机制问题。

1.4.3.1　常压热处理固定机制

热处理是最早使用的，也是非常有效的固定塑性变形的方法。Stamm和Hansen在1937年就开始了热处理固定塑性变形研究，发现将压缩变形的木材，在保持变形状态下继续进行高温热处理后，木材平衡含水率降低，尺寸稳定性提高，推测这是由于热处理导致相邻纤维素分子的羟基发生脱水、缩合等分子间交联反应。但是Stamm和Hanse进一步发现，将这种热处理固定后的木材放入18%的氢氧化钠水溶液或者吡啶溶液中，变形几乎完全回复，由此否定了发生交联反应的推断（Stamm，1964），认为这种尺寸稳定性提高是由于吸湿性高的半纤维素向吸湿性低的糠醛等转化引起的，因为糠醛在水中不容易膨胀，但是在碱性水溶液、吡啶溶液中极易膨胀（Seborg et al.，1953）。

Dwianto 等（1997）针对不同树种，在空气中、熔融金属中以及排湿环境中热处理固定塑性变形的研究表明，变形回复率与质量损失率间均呈现双曲线函数关系，而且这种函数关系不受树种及处理方式的影响，当质量损失率达到 4% 时，变形被完全固定。

木材组分及分子结构变化研究结果表明，热处理温度 160℃ 时，半纤维素首先发生水解反应，木材成分中多缩戊糖和木质素含量开始降低，脱乙酰化生成乙酸，高温作用下乙酸催化促进半纤维素降解生成木糖和甘露聚糖等单糖，吸湿性较强的羧基（C=O）数量减少，同时由于吸水性较低单糖的产生，降低了水分子对细胞壁的可及度（Norimoto，1993；Esteves and Pereira，2009；Gérardin，2016），使木材的吸湿性和吸水性降低。

随着热处理温度的升高，α-纤维素、半纤维素和多缩戊糖含量持续降低（今村博之他，1983）。红外分析发现，从热处理温度达到 170℃ 开始，木材组分分子的基团发生显著变化，热处理温度 180℃ 以上，酯键和酮基伸缩振动吸收峰增大。木质素大分子中甲氧基基团在高温作用下发生脱甲氧基反应（Guo et al.，2015）；在酸性条件下木质素中酚羟基发生酯化反应，使得强吸湿性的羟基数量减少（Huang et al.，2013）；同时木质素发生解聚反应，β-O-4 键断裂生成醛类物质，苯基 C—O 键裂解过程中形成碳离子等反应中间体参与缩合反应，甲醛、乙醛、糠醛等醛类物质参与亚甲基桥的交联反应（Dwianto et al.，1997；Gérardin，2016），形成尺寸稳定性高的网状结构，对抑制压缩变形回复起到重要作用。

热处理温度在 200℃ 以下时，纤维素分子链间水分的脱除、新的氢键的缔合，使纤维素分子链间排列紧密；水蒸气的存在促使非结晶区降解，结晶区定向重排，纤维素相对结晶度增加，结晶面间隔更有规则（Huang et al.，2013；Guo et al.，2015；Kuribayashi et al.，2016）。

由此推断，160℃ 时木材成分，特别是部分半纤维素发生分解，超过 180℃ 分解加剧，此时木质素也发生了降解，纤维素分子的聚合程度提高（Dwianto et al.，1998）。基于木材内应力在 160℃ 左右急剧降低（图 1-14），而且残余应力和变形回复率之间的函数关系几乎是通过原点的极显著线性相关关系（图 1-15），Dwianto 等（1997）认为应力降低与变形固定机制关系极其密切。通过热处理后再形成的塑性变形不能充分固定的研究结果，进一步说明，只有在形成塑性变形状态下热处理，使分子链断裂，有效释放内部应力，才能使变形得到固定。

1.4.3.2　饱和蒸汽处理固定机制

饱和蒸汽处理固定塑性变形研究表明，木材内应力显著下降的温度在 120℃ 左右（图 1-16），随着温度的增加，相对应力从 0.65 降低至 0.1 以下。基于残余应力与回复率（SR）之间的关系不受处理温度和时间的影响（图 1-17），Dwianto

等（1999）认为从两者间关系曲线的变化规律可以获得处理过程中分子结构及微观构造变化信息。具体解释为，SR＞0.93 范围内，残余应力的降低是由于软化压缩时发生了少量不可恢复的细胞壁损伤；SR 为 0.60～0.93 范围内，残余应力的降低是由于半纤维素降解进程中温度和时间的协同作用引起的分子结构变化；SR 为 0.20～0.60 范围内，残余应力少量降低，但 SR 却显著降低，这个区域是变形固定的关键区域（Dwianto et al.，1999；Higashihara et al.，2000）。Dwianto 等（1999）认为，在这个区域内，分子结构发生了变化，即分子间因交联反应以及纤维素结晶区域增加等，形成了某种聚合结构（Tanahashi et al.，1989；Dwianto et al.，1996）。

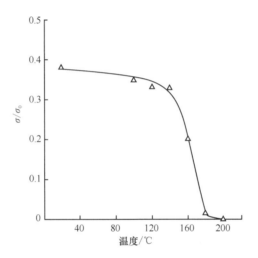

图 1-14　热处理过程中标准化残余应力与处理温度的关系（Dwianto et al.，1998）

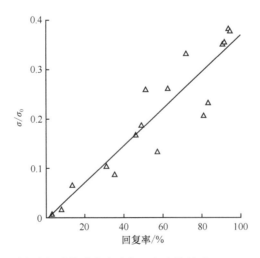

图 1-15　热处理过程中标准化残余应力与回复率的关系（Dwianto et al.，1998）

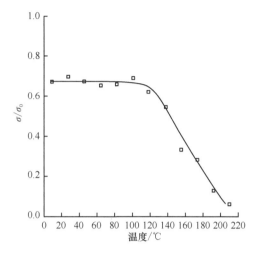

图 1-16　饱和蒸汽处理过程中标准化残余应力与处理温度的关系（Dwianto et al.，1999）

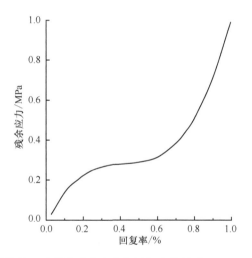

图 1-17　饱和蒸汽处理过程中残余应力与回复率的关系（Dwianto et al.，1999）

但是 Higashihara 等（2000）从这部分变形会在非水系的高极性二甲基亚砜（DMSO）等溶液中几乎完全回复推断，此时的变形只是形成了某种临时性的聚合结构，并未因交联反应或者纤维素结晶度增加等形成永久性的稳定结构；SR<0.2 范围内，不仅是半纤维素，木质素也发生了降解，但这部分变形在非水系溶液中不发生回复的比例也很小。

在 180℃下实施饱和蒸汽处理及热处理后，木材化学成分及力学性能变化的对比研究表明，饱和蒸汽处理 60min，碱性抽提物含量显著减少，质量损失率和热水抽提物含量增加，而且屈服应力、抗弯强度以及回复率的降低与半纤维素的减少趋势一致。结合上述基于 DMSO 等高极性溶液中的回复试验结果推断，饱和蒸汽处理下塑性变形的永久固定是由于半纤维素降解、溶脱，释放了木材的内部应力，而且纤维素和木质素间形成了疏水性结构。热处理720min，随着处理时间增加，碱性抽提物含量增加，α-纤维素含量降低，但屈服应力和抗弯强度未发生显著降低，回复率的降低与α-纤维素减少的趋势一致。由此推断，热处理下塑性变形的永久固定是由于纤维素热降解释放了木材的内部应力，降低了塑性变形恢复原状的能力（Higashihara et al.，2004）。

Navi和Pizzi（2015）首次从半纤维素水解能的角度对压缩密实化变形固定给出了解释，即压缩变形所储存的能量提供了半纤维素水解所需的活化能。变形固定处理时间（t）、变形固定过程需要释放的活化能（E_A）、实测温度（RT）、环境相对湿度（RH）和由环境湿度和pH决定的系数（α）间存在着如下的计算公式：

$$t(T, h) = \alpha \, e^{E_A/RT} \tag{1-1}$$

通过计算获得的变形固定过程需要释放的活化能在98.5～118.4kJ/mol范围内，与RH无关。此E_A值与Springer（1966）、Mittal等（2009）和Gréman等（2011）发现的用于水解木聚糖的E_A值（118kJ/mol左右）的结果是一致的。

Inoue等综合分析热处理和饱和蒸汽处理永久固定塑性变形机制的研究结果认为，基质分子间的交联反应形成了稳定的结构；分子链断裂使微纤维和基质中应力松弛；亲水的细胞壁成分，特别是半纤维素形成聚合物，阻止了其再次发生水软化，这三种基本机制的综合作用是湿热固定塑性变形的根本原因（Inoue et al.，1993a；Ito et al.，1998；Udaka et al.，2005）。在此之后的多数研究引用了这些结果，以解释热处理降低回复率的机制（Gong et al.，2010；Kutnar and Kamke，2012；Laine et al.，2016；Chen et al.，2018；Gao et al.，2018）

1.4.3.3 过热蒸汽加压热处理固定机制

过热蒸汽加压热处理是在一定水蒸气压力下实施的高温热处理，这种处理方法在比较短的时间内有效固定塑性变形（高志强等，2017；黄荣凤等，2019；Gao et al.，2019；Xiang et al.，2020）。Xiang等（2020）通过研究蒸汽压力固定处理杨木层状压缩木材的微观结构、化学结构和纤维素结晶结构的变化，探索过热蒸汽加压处理固定塑性变形的机制发现，处理温度相同时，蒸汽压力的增加显著降低了压缩木材的吸湿、吸水和水煮回复率。压力的增加会使压缩木材的细胞壁产生微小裂纹（图1-18），释放了部分木材的内应力，使部分塑性变形得到永久固定。同时，半纤维素的降解、木质素中与芳香骨架相连的C═O的减少以及结晶度增加，都会对塑性变形固定发挥作用。完全揭示过热蒸汽对塑性变形固定的作用机制，还需要进一步开展深入研究。

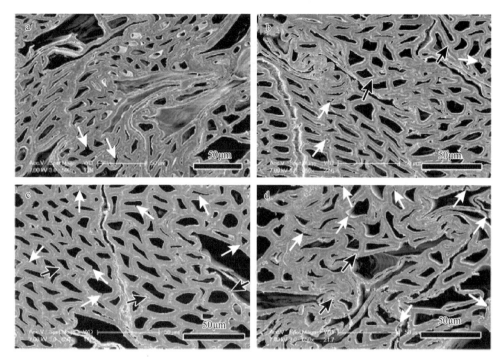

图 1-18　过热蒸汽处理后层状压缩木材横截面的 SEM 图像

过热蒸汽压力分别为 0.1MPa（a）、0.2MPa（b）、0.3MPa（c）和 0.4MPa（d）。纤维细胞中复合中间片层分离（黑箭头），纤维细胞壁裂纹（白箭头）

1.4.4　存在的问题

　　热处理、饱和蒸汽处理和过热蒸汽加压热处理固定压缩变形机制的研究，主要是以降低回复率为核心，通过分析处理温度、时间和压力对应力释放、细胞壁构造、组分的分子结构和化学性能的影响，从细胞水平到分子水平探讨湿、热对压缩变形永久固定的作用机制（Higashihara et al.，2000，2003，2004），但由于这些研究缺乏永久固定与物理力学性能变化关联性的研究，目前的研究成果，还不能解决压缩变形永久固定与物理力学性能间的相互制约问题。

　　综上分析认为，湿热处理固定木材压缩变形技术及机制研究，从 2005 年以后进入了一个瓶颈期，实际上这项研究只局限在两个极端：一端是干燥状态下依靠提高温度和延长时间释放木材内应力的热处理；另一端是接近饱水状态下依靠高温高压释放木材内应力的饱和蒸汽处理。由于这些研究只关注了塑性变形固定的最终条件，即通过长时间加热或者直接通入饱和蒸汽使木材内部温度达到 180℃，未考虑影响应力释放的重要过程因素，并不能获得最佳的塑性变形固定条件和方法。由于常压热处理过程中湿、热不能迅速、均匀地由木材表面传递至中心部位，使热处理固定塑性变形时间长，必然会增加强度损失。同样在 180℃ 下固定压缩变形，热处理和饱和蒸汽处理永久固定塑性变形时间分别为 20h 和 10min，相差 120 倍，带来的强度损失率分别为 36% 和 5%，相差 7 倍以上，色差值分别为 29 和 12，相差 2.5 倍以上（Inoue et al.，1993b）。

从处理方法、设备要求及结果看，热处理虽然简单易行，但永久固定与性能间的相互制约问题严重。饱和蒸汽处理时间短，而且对木材性能的影响小，但对设备和处理条件要求很高。饱和蒸汽处理至少要满足以下 4 个条件：①可承受至少 1MPa 以上压力的耐压容器；②处理过程中木材始终处于夹持状态；③夹持装置可耐受的负载不低于变形形成时的加载载荷，即 3MPa 以上；④可短时间内提供 1MPa 以上蒸汽压力的锅炉。

从理论上分析，塑性变形的湿热固定机制实际上应该有 3 种作用，即有氧状态下的氧化作用、有水状态下的水解作用，以及单纯的热作用，这 3 种作用可以独立存在，也可能同时存在，但是，这 3 种作用下释放应力的机制与性能变化之间的制约关系的研究报道很少。目前湿热处理固定塑性变形研究，理论上实现了塑性变形的永久固定，但是这些技术并未实现工业化应用，究其原因，是由于塑性变形湿热固定机制研究不全面，导致利用现有技术和方法固定塑性变形会降低木材的性能，而且也没有开发出适合产业化应用的设备。湿热处理永久固定塑性变形过程中，从应力释放过程的调控到应力完全释放，缺乏完整的理论和技术体系支撑，成为限制塑性改性技术产业化应用的瓶颈。

1.4.5　研究展望

木材压缩密实化后，如何降低回复率，如何使其塑性变形得到永久固定，是木材压缩技术的研究重点。目前的研究结果已经证实湿热处理方法可以实现压缩变形的永久固定，说明这个方向有进一步深入研究的价值。

解决湿热处理固定木材塑性变形存在的问题，需要从湿热源供给和木材自身的特性两个方面开展研究。木材属于低导热性能的材料，大多数木材在气干状态下的导热系数为 0.1～0.2W/(m·K)，全干状态下导热系数比气干状态还低 0.03W/(m·K) 左右。厚度 60mm 的柳杉木材在 180℃ 的热板上加热至中心温度达到 180℃ 需要 70min 以上。因此，加快热传递速度，使木材在短时间内整体均匀加热至永久固定所需温度，是缩短塑性变形永久固定时间的有效途径。木材自身的特性是不可改变的，但是通过湿热供给的调控可以有效地改变湿热传递速度问题。

从理论上分析，过热蒸汽加压热处理，可以兼顾水分和热对木材内应力释放的双重作用；蒸汽压力不仅能够加快热质在木材中的传递速度，而且能够提高加热过程中木材整体的湿热均匀度和木材塑性变形永久固定效果。但要解决压缩变形的湿热固定技术应用问题，需要在水分的作用、热作用和氧化作用及其相互作用机制，热质传递规律，湿热作用下木材应力释放的作用机制等方面深入研究的基础上，结合技术工艺和所需的装置或者设备，开展系统研究。

第2章　实木层状压缩的形成与表征

木材压缩是在机械力的作用下具有多孔结构木材的密实化过程。压缩密实化处理后的木材，由于密度、硬度和强度等物理力学性能显著提高，应用范围更广，因此，木材压缩技术作为低密度、软质木材增强处理方法，长期以来受到国内外学者和企业的广泛关注。

传统的木材压缩技术，首先要将木材进行软化处理，再将软化处理后的木材置于模具中或者直接放在热压机上施加外力，通过控制外力加载速度、载荷和压缩量，获得密度相对均匀的压缩密实化木材。这种压缩方式可以称为木材的整体压缩。

木材整体压缩时，软化处理是一个非常关键的工艺过程。蒸煮软化是最常用的木材软化处理方法，也是最简单、有效的木材软化方法。目前国内外学术界和工业界开发的实木板材和锯材整体压缩技术，以及原木整形压缩、单板压缩、成型压缩等技术，都是采用蒸煮软化方法进行压缩前的木材软化处理（李坚等，2009）。

木材整体压缩的情况下，压缩木性能改善效果的提高主要依赖于提高压缩率（Kitamori et al.，2010）。提高压缩率意味着压缩木制造过程中需要消耗更多的木材，增加压缩木的加工成本。实木地板、家具等木制品在加工和使用时，多数情况下，仅对表面硬度有较高的要求，一些特殊结构的木制品，如锁扣地板以及榫卯结构家具中榫的部位等，也会对强度和硬度有较高的要求。在这些情况下，最理想的方法是将需要增强的部分压缩，其余部分不压缩或尽可能保持天然木材的结构和状态。

木材是一种复杂的天然高聚物，其主要成分纤维素、半纤维素和木质素的特性及所占的比例，直接影响木材的可塑性，进而影响木材的软化特性。在 240℃以下时，纤维素的软化温度几乎不受含水率的影响，但随着含水率的增加，非结晶态的半纤维素和木质素的塑性增强，软化温度降低（Takamura，1968；城代进与鲛岛一彦，1996）。在干燥状态下，半纤维素和木质素的软化温度分别为 200℃和 150℃，但随着含水率的增加，软化温度会迅速降低。当半纤维素含水率达到 60%左右时，在室温下就可以被软化。含水率达到 20%左右时，木质素的软化温度降低至 80℃左右（城代进与鲛岛一彦，1996）。古田裕三等对分离出来的木质素、非结晶性多糖类等的软化温度的研究结果表明，含水率达到纤维饱和点以上的半纤维素等非结晶性多糖类的软化温度在−50℃左右，木质素的软化温度在80℃左右（古田裕三他，2000；Furuta et al.，2001）。由此可见，木材细胞壁基质成分半纤维素和木质素的软化温度对含水率的变化有非常高的依存性，木材从绝干至含水率 20%，软化温度相差 70℃以上。木材基质成分的软化温度对含水率的高度依存性，为压缩密实化位置的调控和层状压缩的形成提供了可能。

　　基于木材软化温度对含水率的高度依存性，以及木材的吸湿、解吸特性对湿热环境的响应规律，本章采用常温以及预加热方式调控水分分布和热分布，在板材厚度方向，也就是施加外力的方向上形成含水率梯度和温度梯度后，施加一定的载荷压缩木材，研究层状压缩的形成、压缩层形成位置的变化，以压缩板材的密度分布、软 X 射线图像亮度变化表征层状压缩的形成，分析研究层状压缩木材的硬度变化以及表面密度与硬度的关系（黄荣凤他，2012）。

2.1　材料与方法

2.1.1　材料

　　试验材料毛白杨（*Populus tomentosa*），采自山东冠县，平均年轮宽度为 6.5mm，平均密度为 0.50g/cm^3。

2.1.2　试样制备

　　先将原木锯解为弦向板材，干燥至含水率 12%左右，加工成尺寸 20mm（R）×80mm（T）×250mm（L）的板材，用于层状压缩试验。截取 20mm（R）×80mm（T）×5mm（L）以及 20mm（R）×40mm（T）×40mm（L）的试样，作为密度和表面硬度测试的对照材。剩余试样干燥至含水率 9%后，用石蜡进行封端和径向封涂处理，再将木材放入水中浸泡 10h。

2.1.3　压缩方法

　　从水中取出后直接在热压机上压缩，或者放置 18h 后压缩。热压温度为 180℃，压缩速度为 1mm/s，目标厚度为 15mm。压缩前在热压机上夹持预热压力 0.7MPa，压缩载荷 3～5MPa，压缩完成后保持 30min。预热时间为 10s、40s、240s 和 420s。每个处理重复 5 次。

2.1.4　密度分布和硬度测试

　　从压缩后的木材上加工出与对照同样尺寸的试样，在温度 20℃，相对湿度 65%

的条件下进行含水率平衡处理后，测定木材的密度、径向密度分布和硬度。径向密度分布采用软 X 射线密度测定仪测定，表面硬度采用布氏硬度测定方法测定。

2.1.5 压缩层的判定

依据压缩后板材厚度方向的密度分布测试结果，将密度高于对照材最大密度10%，且呈连续分布的高密度区域，判定为压缩层。

2.2 水热控制下层状压缩的形成

将干燥至 9% 的木材横截面封端处理后，通过浸水、放置和热板夹持下的预加热处理，调控板材厚度方向的含水率和温度分布，在形成湿热分布梯度的条件下对板材进行压缩，获得了层状压缩木材，浸水、放置及预加热时间对层状压缩形成的影响如表 2-1 所示。浸水 1h、放置 18h 的木材，在 180℃的热压机上从 20mm 压缩至 15mm 时，预热时间 10s、40s 和 240s 的条件下，分别在板材上下表面，以及距表面约 1mm 和 3mm 处，形成了 2 个压缩层，预热时间 420s 的条件下，在板材横截面近正中心部位形成了 1 个压缩层。但浸水 10h，未经放置处理的木材，预热 240s 和 420s 后压缩，未形成压缩层。图 2-1 是形成的层状压缩木材的横切面照片和软 X 射线图像。横切面照片中深色带状层，也是软 X 射线图像中亮度高的带状层，为高密度区域，即压缩层。从图 2-1 中可以看出，随着预热时间的增加，压缩层形成的位置有从板材的上下表面向中心部位移动的趋势。研究结果表明，实体木材通过水热分布的控制，不仅可以形成层状压缩，而且压缩层形成的位置是可以改变的。

表 2-1 浸水及预加热对木材层状压缩形成的影响

预热时间/s	压缩层位置		压缩层数量/个	
	浸水 10h	浸水 10h+放置 18h	浸水 10h	浸水 10h+放置 18h
10	表层	表层	2	2
40	距表面 2mm	距表面 1mm	2	2
240	未见压缩层	距表面 3mm	0	2
420	未见压缩层	接近中心	0	1

木材组织构造的各向异性使木材的水分渗透性在三个断面方向上差异极显著，轴向的渗透速度达到弦向的 5000～50 000 倍（高橋徹与中山義雄，1995）。因此，如果将低含水率木材的横截面和径切面用石蜡封涂后进行浸水处理，水分只能从渗透性低的弦向渗入木材，而且短时间内渗入水分仅存在于木材的表层。木材从水中取出后再放置一段时间，随着时间的推移，表层水分会慢慢向中央部

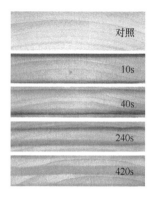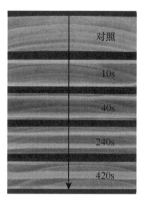

图 2-1　改变预热时间形成的层状压缩木材的横截面照片（左）和软 X 射线图像（右）（彩图请扫封底二维码）

10s、40s、240s 和 420s 表示的意义同表 2-1；箭头所指的方向表示压缩方向

位移动。这种经过浸水或者浸水后放置处理的木材，在高温热板夹持下进行预加热处理时形成的水蒸气，随着木材内部蒸汽压力的增加，从木材横截面向外喷出的同时，也会向木材的中央部位移动。如果预热时间进一步延长，木材表层含水率降低到一定程度后，在木材厚度方向上又会形成从表面至中央部位依次干燥的现象。因此，浸水、放置和热板预热处理过程，有效地形成了木材表层和内部的含水率及温度差异。由于干燥状态下，半纤维素和木质素的软化温度比含水率 20% 状态下高近 100℃（城代进と鲛岛一彦，1996），此时对板材施加外力，含水率及温度较高的层面首先被压缩，因此形成了实木的层状压缩。

　　木材浸水 10h 后直接预热压缩时，预热 10s 和 40s 的条件下，获得了与浸水 10h 后放置 18h 压缩类似的 2 个压缩层的层状压缩木材，但预热 240s 和 420s 的条件下，未见压缩层形成。从试验获得的剖面密度分布结果看，木材是被整体压缩了。这种情况可能是由于经过 18h 放置后，表面的水分已经渗透至木材内部，在本研究设定的时间内，没有全部蒸发出去。而未经放置处理的浸水木材，水分全部集中在表面，经过高温且长时间的预加热处理后，木材表面吸收的水分几乎完全被蒸发，木材整体的含水率和温度处于比较均一的状态。上述基于现有研究结果，对层状压缩形成机制的推测和解释，还需要从木材内部水分梯度的形成规律、木材含水率非均匀状态下的传热传质规律，以及预加热温度和时间对压缩层形成及特性的影响等方面开展深入研究，加以证实。

2.3　层状压缩木材的密度分布特征

　　木材浸水 10h 后不经过放置，直接预热压缩时，预热 240s 和 420s 条件下，木材内部均未形成压缩层，说明层状压缩的形成与浸水后的放置有关。因此，本节中，仅对浸水 10h、放置 18h 后预热压缩形成的层状压缩木材的密度分布变化进行分析和讨论。

图 2-2 为通过改变预热时间获得的层状压缩木材厚度方向的密度分布测定结果。从图 2-2 中可以看出，预热 10s 和 420s 时，压缩层与未压缩层之间密度急剧

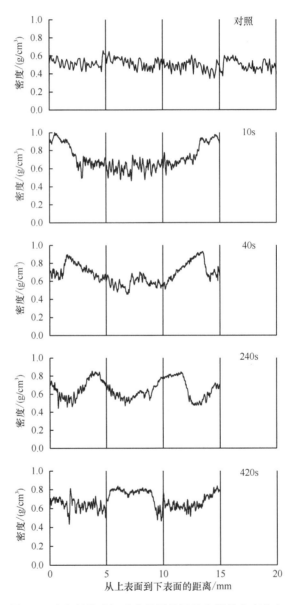

图 2-2　改变预热时间形成的层状压缩木材的密度分布

10s、40s、240s 和 420s 表示的意义同表 2-1

变化，两者间的界限相对更明显。预热 40s 和 240s 时，压缩层靠近中央一侧，与非压缩层间密度逐渐降低，两者之间的界限不清晰，但预热 40s 时，压缩层距表面一侧，压缩层与未压缩层间的界限十分清晰。结果表明，压缩层形成过程中，使压缩与未压缩之间的过渡带尽量变窄是具有可能性的。

为了进一步分析层状压缩形成的密度分布特征，根据软 X 射线密度分析仪测定的结果，对压缩层、未压缩层以及压缩板材表层下 1mm 范围内的平均密度和平均密度提高率进行了统计分析。表 2-2 为层状压缩木材的分层平均密度及其增加率的计算结果。本研究使用的未经压缩的对照材的密度平均值、最大值和最小值分别为 $0.50g/cm^3$、$0.66g/cm^3$ 和 $0.35g/cm^3$。预热 10s 时，压缩层形成于表层，中心部位几乎没有被压缩，压缩层的平均密度和表层 1mm 以内的平均密度分别为 $0.89g/cm^3$ 和 $0.93g/cm^3$，比对照材提高了 78.1%和 86.8%，压缩层的最大密度达到了 $1.00g/cm^3$，出现在表层下 1mm 范围内，说明表面附近更容易被压缩。

表 2-2　改变预热时间形成的层状压缩木材的分层密度

处理条件	最大密度/（g/cm³）	平均密度/（g/cm³）			平均密度提高率/%		
		表层 1mm	压缩层	未压缩层	表层 1mm	压缩层	未压缩层
对照	0.66（5.99）	0.50（2.50）	0.50（2.51）	0.50（2.52）	—	—	—
10s	1.00（5.14）	0.93（6.33）	0.89（6.96）	0.62（11.97）	86.8	78.1	28.2
40s	0.93（1.58）	0.68（6.09）	0.82（1.80）	0.61（4.74）	35.8	63.8	21.3
240s	0.85（2.11）	0.65（12.91）	0.80（3.70）	0.61（9.22）	30.6	59.1	21.1
420s	0.84（3.50）	0.73（9.93）	0.79（4.12）	0.65（8.91）	46.0	57.1	30.5

注：10s、40s、240s 和 420s 表示的意义同表 2-1；括号中的数值表示 5 个测试样品的平均变异系数；"—"表示没有数据。下同。

预热 40s、240s 和 420s 时，压缩层的平均密度和表层 1mm 以内的平均密度分别比对照材提高了 57.1%～63.8%和 30.6%～46.0%，明显低于 10s 预热处理。基于压缩层的平均密度大于表层下 1mm 范围内的平均密度，说明虽然表层下 1mm 范围内的密度大于对照材的平均密度，表层也被压缩了一些，但压缩层并未形成于表层，而是距表层有一定的距离。未压缩层的平均密度为 $0.61～0.65g/cm^3$。虽然 420s 预热处理下未压缩层平均密度略高于其他处理条件，但所有预热条件下获得的层状压缩木材，压缩层与未压缩层之间密度差异都非常明显。

在分析了层状压缩木材分层密度分布特征的基础上，进一步分析层状压缩板材上下两侧的密度及压缩层厚度特征，结果如表 2-3 所示。从表 2-3 中可以看出，所有预热时间处理条件下，下压缩层的平均密度和厚度均大于上压缩层，而且预热时间越长，上下压缩层的厚度差越大。预热 10s 和预热 40s 时，在板材上下表面和距表面 1mm 处均形成约 2mm 的压缩层，上下压缩层的总厚度分别为 4.27mm

和 4.35mm，大于预热 240s 和 420s 在距表面 3mm 和中央部位形成的压缩层的总厚度。随着预热时间的增加，压缩层的平均密度逐渐减小，说明增加预热时间，可能会使未压缩层被压缩的可能性增加，从而使压缩层厚度减小。

表 2-3　改变预热时间形成的层状压缩木材的压缩层密度和厚度

处理条件	密度/（g/cm³）			厚度/mm		
	上压缩层	下压缩层	平均	上压缩层	下压缩层	合计
10s	0.88（6.33）	0.90（6.96）	0.89（5.97）	2.09（7.34）	2.18（6.70）	4.27（5.87）
40s	0.80（6.09）	0.84（1.80）	0.82（4.74）	2.06（12.62）	2.29（11.35）	4.35（12.00）
240s	0.79（12.91）	0.80（3.70）	0.80（9.22）	1.52（18.02）	2.42（14.46）	3.94（16.15）
420s	—	—	0.79（8.91）	—	—	3.72（6.99）

2.4　层状压缩木材表面密度和硬度的关系

木材整体压缩的情况下，木材的弹性模量和强度与密度之间的关系研究表明，随着压缩率的增加，压缩木材的密度增大，随着密度的增加，弹性模量和强度呈指数函数的形式增大（Kitamori et al.，2010）。本研究通过改变预热时间获得的层状压缩木材，是非均匀压缩木材，厚度方向的密度梯度很大，而且密度最大值并不出现在压缩板材的表面，其力学性能变化与密度的关联性，依然是材料研究的主要内容之一。

图 2-3 为不同预热时间下形成的层状压缩木材的表面硬度（布氏硬度）及其变化率。从图 2-3 中看出，预热 10s 的条件下，压缩材的表面硬度为 23.42MPa，

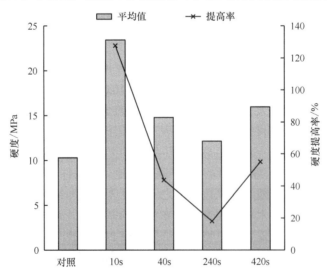

图 2-3　改变预热时间形成的层状压缩木材的硬度变化

10s、40s、240s 和 420s 表示的意义同表 2-1

比对照材提高了 127.6%。本研究是将 20mm 厚的板材压缩 5mm，获得的层状压缩，如果换算成压缩率，为 25%。也就是说，在层状压缩的情况下，25%或者更低的压缩率可以使压缩板材的表面硬度提高 1 倍以上。

其他预热处理条件下，压缩材的表面硬度较对照材提高了 18%～55%，说明预热 40s 以上时获得的层状压缩木材，虽然压缩层没有形成于表层，但由于表面也被压缩了一些，表面硬度有所增加，尽管如此，表面硬度还是远远低于压缩层形成于表层的压缩木材。

对未压缩的对照材，以及所有预热时间处理条件下获得的压缩板材的表层密度和硬度的测定结果进行统计分析，绘制表层硬度随着密度增加的变化规律曲线。根据曲线中硬度随密度的变化趋势，选择幂函数、指数函数和多项式 3 种函数，拟合两者间的函数关系，结果如图 2-4 所示。拟合的 3 种函数，均获得了较高的拟合度，决定系数均在 0.80 以上，其中，指数函数的决定系数为 0.85，是 3 种函数中拟合度最高的。当密度大于 0.8g/cm^3 时，力学性能增加非常显著，表面硬度最大值达到 40MPa，是对照材的 4 倍。本研究获得的层状压缩木材的硬度与表面密度之间的关系，与整体压缩的情况下 Kitamori 等（2010）获得的压缩木材的弹性模量和强度与密度之间的关系相一致，同样也是呈指数函数关系。

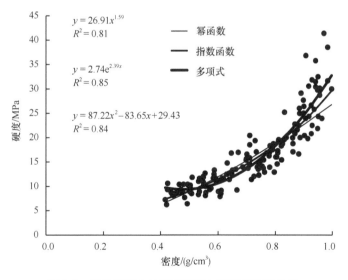

图 2-4　层状压缩木材表面密度与表面硬度的关系

2.5　本 章 小 结

本章以低密度、软质速生材毛白杨木材为材料，采用浸水、放置和预加热的方式，控制板材中的水分分布和热分布，研究实体木材层状压缩的形成及其可调控性，分析层状压缩压缩木材的密度分布特征、硬度变化以及表面密度与硬度的关系。主要结论有以下几点。

（1）在调控木材中含水率分布的基础上，改变压缩前的预热时间，可以在木材的上下表面、距上下表面约 1mm 和 3mm 附近以及厚度方向的近中心部位形成高密度的压缩层。随着预热时间的增加，压缩层形成的位置由表面逐渐移动至中心部位。说明实体木材不仅可以层状压缩，而且压缩层形成的位置具有可调控性。

（2）压缩层位于表层时，压缩层的最大密度可以达到 $1.00g/cm^3$，压缩层的平均密度及表层下 1mm 范围内的平均密度分别为 $0.89g/cm^3$ 和 $0.93g/cm^3$，分别比对照材提高 78.1%和 86.8%。压缩层位于木材内部时，压缩层的平均密度和表层 1mm 以内的平均密度分别比对照材提高 57.1%～63.8%和 30.6%～46.0%，明显低于表层压缩。

（3）随着表面密度的增加，层状压缩木材的表面硬度呈指数函数形式增大，当密度大于 $0.8g/cm^3$ 时，力学性能增加非常显著，表面硬度最大值达到 40MPa，是对照材的 4 倍。压缩层位于表层时，表面硬度与对照材相比提高幅度达到127.6%；压缩层位于木材内部时，表面硬度略高于对照材，说明表面也被压缩了一些。

本章采用水热分布调控后再进行压缩的方法，获得了层状压缩木材，实现了"只压缩需要增强的部分，其余部分不压缩"的设想和目标。这种压缩方法可以大幅度降低压缩木加工过程中的木材损耗，为低密度软质木材利用开辟了一条有应用价值的新途径。为了实现这种新的压缩方法的产业化应用，需要做到压缩层形成位置、厚度和密度的精准调控。为此，必须从木材中水分分布和温度分布的调控、半纤维素和木质素软化的湿热响应、层状压缩变形的永久固定等方面开展研究，揭示层状压缩的形成机制。

第3章 层状压缩形成对预热时间和含水率的依存性

实木层状压缩的形成是基于热板夹持下预加热软化、压缩实现的。由于预加热过程中在木材内部形成了水分和热的分布梯度，进而影响木材不同层面的软化温度。热板加热下的传热传质问题是由 Crank（1956）作为木材干燥研究中的一个科学问题提出的，干燥过程数字模拟的理论基础是木材内部的水分扩散规律。干燥过程中水分扩散规律，以及水分扩散的非稳态模型方面的研究报道很多（Schmidt，1967；Bramhall，1979；俞昌铭，2011）。开放系统下热板预热处理可以有效地调节木材厚度方向的含水率分布和温度分布（Matsumoto et al.，2012）。生材在温度 150℃的热板夹持下加热 12min，表面及表面下 25mm 的温度梯度差可达 35℃（Beard et al.，1985）。如果生材在 180℃下加热 30min，表面及表面下 20mm 处含水率差为 60%左右（Matsumoto et al.，2012）。可见，改变预热时间能够有效调节木材内温度和水分的分布。

影响传热传质的木材内在因素主要是木材组织构造和木材的组成成分。木材是多孔结构材料，作为木材骨架构造的细胞壁，以及细胞腔、细胞间隙等孔隙结构直接影响木材的密度、导热系数、水分扩散系数等传热传质特性和水分存在形式。木材组分则是通过影响木材比热容、纤维饱和点等性能间接影响木材的传热传质特性。木材初始含水率、加热温度、加热方式等是影响木材传热传质的主要外部因素。木材在热板干燥过程中，上下热板对称而均匀地将热量传递至木材的上下表面，热板在水平方向几乎没有热传递。在建立模型时，一般只需要计算厚度方向的热传递和气体的渗流。因此，可以将传热传质过程简化为一维非稳态传热传质问题（俞昌铭，2011）。

本章重点研究预热时间对木材层状压缩形成的影响，根据不同预热时间下层状压缩木材的密度分布测试结果，分析层状压缩木材密度分布特征以及压缩层形成位置随预热时间变化的函数关系，以两者间函数的拟合度确认压缩层形成位置的可控性。

3.1　材料与方法

3.1.1　材料

采用山东冠县产人工林毛白杨（*Populus tomentosa*）的边材作为试验材料。

树龄 25 年，胸径 25～35cm，平均密度为 0.44g/cm^3，最大密度为 0.49g/cm^3。

3.1.2　试样制备

将原木段锯解成弦向板，干燥至含水率为 12%后，加工成规格为 800mm（L）×120mm（T）×20mm（R）的弦向板，共 60 块，分为 10 组，每组试样 6 块，作为 10 个处理条件的试验材料。再将每块 800mm 长的板材锯解为图 3-1 所示的等长度的 2 个试样，尺寸为 400 mm（L）×120mm（T）×20mm（R），分别用于含水率分布试验（S1）和层状压缩试验（S2）。试验前，将试样干燥至含水率 9%左右，横切面和径切面用石蜡封闭后备用。

3.1.3　含水率分布梯度的形成

将图 3-1 中用于含水率分布测试的 S1 组试样在室温条件下浸泡于水中 2h 后，放于密封袋中放置 18h，在热压机压板夹持下进行预热处理。预热温度 180℃，预热处理时间分别为 0s、10s、20s、40s、80s、120s、240s、360s、480s 和 600s。达到预热时间后取出样品，按照 3.1.5 的方法，测定预热处理后板材厚度方向的密度分布，按照 3.1.6 的方法计算和分析其含水率分布。

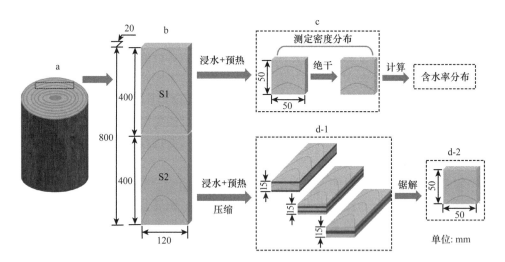

图 3-1　试样制备过程示意图

a. 原木；b. 弦向板；c. 含水率分布测定；d-1. 层状压缩木材；d-2. 密度分布测定

3.1.4　层状压缩方法

图 3-1 所示的 S2 组试样用于层状压缩。木材层状压缩过程分为三个阶段（图 3-2），

即预热阶段、压缩阶段和保压阶段。预热阶段与 3.1.3 的处理方法完全相同。压缩阶段是在预热阶段结束后，直接在热压机上进行间歇式压缩。压缩过程采用的压力为 6MPa。压缩的目标厚度是 15mm，用厚度规（15mm 厚的钢条）控制。每个压缩周期为压缩时间 3s，间歇时间 10s，3 个压缩周期后达到目标厚度 15mm。保压阶段是将压缩后的木材，在 6MPa 压力下保压 30min 之后取出，用于密度分布的测试。

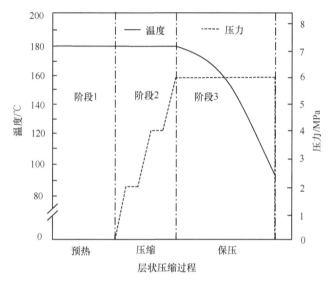

图 3-2　层状压缩过程示意图

3.1.5　剖面密度分布测定

含水率分布及层状压缩木材的密度分布均采用剖面密度分析仪测试和计算。剖面密度测定使用型号为 D-31785 Hameln 的 X 射线剖面密度仪，测试步长 20μm。以试样靠近树皮侧为上表面，测试时由上表面至下表面进行扫描。

含水率的测定和计算：

浸水或预热处理结束后，迅速从试样长度和宽度方向的中间部位取尺寸为 50mm（L）×50mm（T）×20mm（R）的试样，测定其剖面密度，然后将其在 103℃的干燥箱中干燥至绝干，取出后第 2 次测定剖面密度，根据浸水深度和木材的干缩系数，对绝干木材的厚度进行调整，获得如图 3-3 所示的木材在浸水后和干燥后板材厚度方向的密度测定结果。

含水率的计算采用两次剖面密度的差值，分层计算木材厚度方向的含水率，绘制厚度方向的含水率分布图。

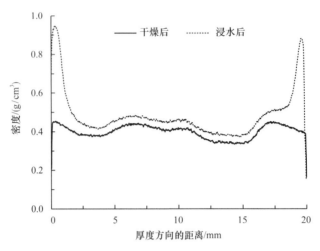

图 3-3　浸水后和干燥后板材厚度方向的密度分布测定结果示意图

压缩木材的密度分布测定：从压缩木材长度和宽度方向的中间部位取尺寸为 50mm（L）×50mm（T）×15mm（R）的试样，在温度 20℃、相对湿度 65%条件下平衡处理后，测定其密度分布。

3.1.6　含水率分布的计算方法

木材厚度方向的分层含水率，采用式（3-1）（Cai，2008；李贤军等，2010）计算得出。

$$M_i = \frac{G_i - G_0}{G_0} \times 100\% = \frac{\rho_i L_i T_i h_i - \rho_0 L_0 T_0 h_0}{\rho_0 L_0 T_0 h_0} \times 100\% \tag{3-1}$$

式中，M、G、ρ、L、T、h 分别表示含水率（%）、质量（g）、密度（kg/m³）、纵向尺寸（mm）、弦向尺寸（mm）和每层厚度（mm）；下标 i 和 0 分别表示湿材和绝干材。计算时，将木材沿着厚度方向分成 20 层。

3.1.7　软 X 射线图像制作

采用软 X 射线成像仪制作木材横截面的软 X 射线图像。从对照材和压缩后木材上截取 5mm（L）×80mm（T）×20mm 或 15mm（R）的试样，在 20℃、相对湿度 65%的条件下平衡处理 15 天后，将试样依次放置于底片上，放入软 X 射线成像仪内进行扫描处理，使用显影液和定影液冲洗底片，获得木材横截面的软 X 射线图像。

3.1.8　压缩层的判定

压缩层的判定方法同第 2 章，但判断基准调整为密度高于对照材最大密度

20%，且呈连续分布的高密度区域。改变判断基准，是由于在第 2 章层状压缩形成研究的基础上，进一步研究发现，可以获得压缩层形成位置更精准的层状压缩木材。

3.1.9 层状压缩木材的结构特征参数

木材是一种各向异性的非均质材料。传统的木材结构是以木材形成过程中，因四季气候变化形成的年轮或生长轮结构来表征，即图 3-1a 所示的因早晚材密度差异形成的环形结构，由于锯解方向或方式不同，形成弦向板、径向板和弦径向板材结构。层状压缩木材是在天然实木板材的基础上，通过压缩密实化过程，形成的一种具有疏密相间且对称分布结构的材料。由于层状压缩木材依然是一种非均质材料，为了便于对层状压缩木材结构的理解，用图解的方式（图 3-4）对层状压缩木材的结构特征进行说明。

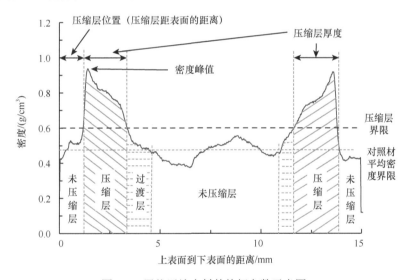

图 3-4　层状压缩木材的特征参数示意图

层状压缩木材的结构特征，用压缩层、未压缩层和过渡层、压缩层厚度、压缩层数量、压缩层位置（压缩层距表面的距离）、密度峰值位置（密度峰值距表面的距离）等参数进行表征；层状压缩木材的密度分布特征，用压缩层密度、密度峰值和未压缩层密度表征。

层状压缩木材压缩层的判定基准，是依据压缩后板材厚度方向的密度分布测试结果确定的。本研究将密度高于对照材最大密度值 20%，且呈连续分布的高密度区域，判定为压缩层，并以这个密度值作为判断压缩层的界限值。按照这个标准，确定本研究用毛白杨木材压缩层密度的基准值为 0.59g/cm^3。

图 3-4 为根据压缩木材的剖面密度分布，绘制的特征参数在层状压缩木材厚度方向上的位置和形态特征示意图。

试验用毛白杨的压缩层，为密度大于 0.59g/cm³ 的连续区域，即图 3-4 中的斜线区域；过渡层为与压缩层相邻，且密度为压缩层界限密度至对照材平均密度之间的连续区域，即图 3-4 中横虚线区域；未压缩层为未被压缩的区域，即图 3-4 中密度分布曲线下方的连续空白区域。

压缩层位置为压缩层起始点距离上/下表面的距离；压缩层厚度为压缩层连续区域的厚度；压缩层密度以压缩层平均密度表示；密度峰值为层状压缩木材压缩层中的密度最大值。

3.1.10 层状压缩和含水率分布的相关名词解释

含水率差值：最大含水率与最小含水率的差值。

高含水率区域：含水率大于初始含水率的区域。

含水率峰值相对位置：含水率峰值距离表面的距离与木材厚度的比值。

压缩层密度峰值相对位置：压缩层密度峰值距离表面的距离与木材厚度的比值。

3.2 预热时间对实木层状压缩形成的影响

在第 2 章层状压缩形成研究的基础上，进一步采用浸水、放置后直接压缩，以及预热处理时间分别为 10s、20s、40s、80s、120s、240s、360s、480s 和 600s，共 10 个预热处理条件，进行压缩前的预处理，压缩后形成了压缩层位置不同的层状压缩木材（图 3-5）。从 10 个处理条件下获得的层状压缩木材的横截面照片及软 X 射线图像可以看出，随着预热时间的延长，压缩层位置由表面逐渐向中心层移动。预热时间为 0～360s 时，在横切面上可以看到对称的 2 个压缩层。预热时间为 0s 和 10s 时，压缩层形成于木材上下表面，获得了表层压缩木材；预热时间 20～360s 时，压缩层形成于距上下表面一定距离的位置，即压缩层形成于表面与中心之间的位置；预热时间 480s 或者更长时间时，在木材横切面的中心层位置形成了 1 个压缩层。

压缩层形成于距表面一定距离的位置或者正中心部位时，从图 3-5 中横截面照片和软 X 射线图像可以清楚看出，在压缩层的上下表面一侧，压缩层与未压缩层间的界限十分清晰，而且这个界限基本上与上下表面平行。

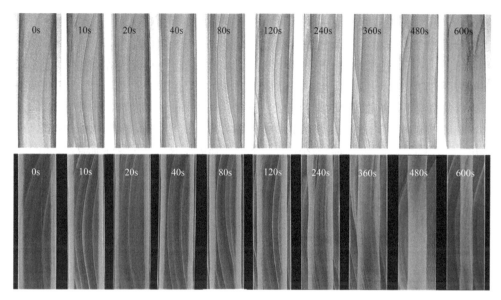

图 3-5　压缩层形成位置随预热时间增加而变化的实物照片（彩图请扫封底二维码）

上图为木材横截面照片，下图为木材横截面的软 X 射线图像

从原木上加工出的弦向板，如图 3-1 所示，板材宽度方向的中心部位是正弦向板，但板材的两端实际上是弦径向板。从图 3-5 中的压缩层形成的位置，以及木材本身的年轮走向和早晚材的亮度差异可以看出，施加平行外力压缩时，弦向板的正中央部分是径向压缩，而两侧则实际上是弦径向压缩。可见，这种弦向板材，通过浸水、放置、预热压缩的方式获得的层状压缩木材，压缩层形成的位置，不会受压缩部位是在年轮的早材部分还是晚材部分的密度差异的影响，也不受压缩方向，即径向压缩或者弦径向压缩的影响。

3.3　预热时间对层状压缩木材密度分布的影响

不同预热时间下形成的层状压缩木材的剖面密度如图 3-6 所示。随着预热时间的延长，压缩层出现的位置由木材的表面逐渐向中心靠近。预热时间延长至 480s 开始，与上下表面平行的 2 个压缩层汇集为 1 个压缩层，但在两个压缩层汇集处仍然有一个密度较低的区域，密度峰值不在厚度方向的中心部位。预热时间延长至 600s 时，压缩层的宽度变窄，两个压缩层完全汇集成一个压缩层，压缩层的整体密度增大，密度峰值几乎出现在木材厚度方向的正中心部位。

表层压缩的情况下，压缩层与未压缩层间只有一个相交的层面；压缩层位于表层下一定距离时，压缩层与未压缩层间有两个相交的层面。其中靠近表面一侧，压缩层与未压缩层之间的过渡层非常窄，几乎是从未压缩层直接进入压缩层，但靠近中心一侧，压缩层至未压缩层的密度是逐渐减小的，预热 360s 时，虽然形成了两个压缩层，但中心部位的未压缩层密度连续高于对照材。

将图 3-6 不同预热时间下形成的层状压缩木材的密度分布测试结果放在一个坐标下做成图 3-7，可以更直观地看出层状压缩的形成对预热时间的依存性。在形成两个压缩层的情况下，随着预热时间的延长，压缩层厚度由窄变宽，当汇集成一个压缩层时，则形成由宽变窄的趋势；在形成两个压缩层的情况下，随着预热时间的延长，压缩层的密度峰值则表现为逐渐减小，汇聚为一个压缩层时，则呈现逐渐增大的趋势。可见，层状压缩时，随着预热时间的增加，压缩层的厚度、数量和密度峰值表现出规律性变化趋势。这些特征和变化规律，为层状压缩的精准调控提供了可能。

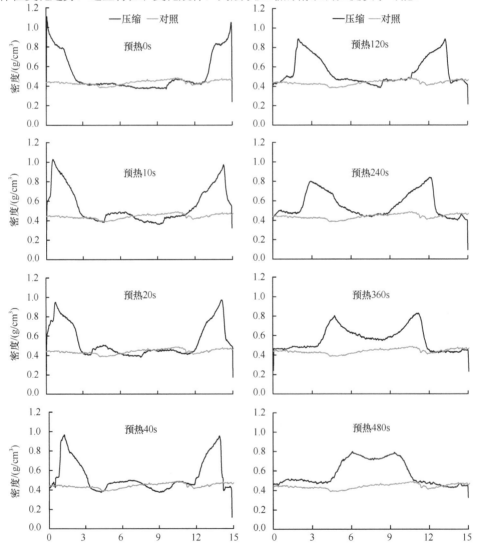

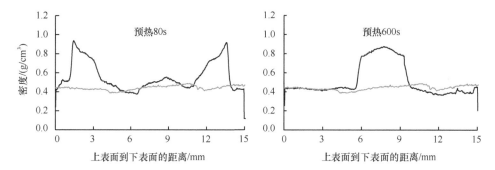

图 3-6　不同预热时间下形成的层状压缩木材的密度分布（彩图请扫封底二维码）

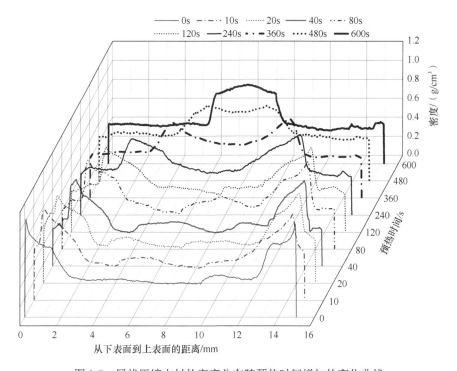

图 3-7　层状压缩木材的密度分布随预热时间增加的变化曲线

低密度、软质木材的压缩增强处理，最理想的方法是针对木制品使用需求，将需要增强的部分进行压缩密实化处理，其余部分不压缩。日本学者 Inoue 等（1990）利用木材在水热作用下的弹塑性转化特性，以日本柳杉和日本扁柏为材料，研究了木材表层选择性压缩密实化。采用的方法是，在表层一定厚度范围内加工出沟槽，以便水分均匀注入木材表层，成功地在板材厚度方向上形成了水分梯度。采用微波加热方法，使木材表面特定高含水率范围内选择性塑化，压缩后获得了表层木材细胞壁大变形，内部未浸水部分细胞壁几乎没有变化的密实化木材，但这项研究没有说明木材的密度变化。

Wang 和 Cooper（2005a）用初始含水率 11.3%、厚度 18mm 的冷杉木材，预热时间由 0s 延长至 300s，再经 120s 压缩后，发现预热处理后压缩，可以改变压缩木材的剖面密度分布。预热 5min 后压缩 2min，或者预热 10min 后压缩 7min，都形成了非常明显的高密度区域。由此认为，这种密度分布的形成主要受木材的初始含水率、预热和压缩时间、木材渗透性和纹理方向的影响（Wang and Cooper，2005a，2005b）。渗透性较低的云杉，在热压过程中易发生劈裂现象。但香脂冷杉木材，在压缩时间为 2min 时，低密度的早材与高密度的晚材相邻部位细胞会发生变形，径向压缩木材会形成高密度带。用水或尿素溶液软化木材表面后压缩，同样会形成表面密实化，但改变密度分布的效果不明显。木质复合材料压密时，潮湿的原材料表面会产生"蒸汽冲击"效应（Strickler，1959），加速原材料内部的热传导，是影响产品密度分布等性能的原因之一。Wang 和 Cooper（2005b）认为，预热压缩形成的剖面密度的变化，类似于这种复合材料压缩时形成的剖面密度分布。

Kutnar 和 Kamke（2009）用 4mm、5mm 和 6mm 厚的杨木薄板软化压缩，通过木材细胞壁结构的显微镜观察和密度分布测试，研究了压缩率为 63%、98% 和 132% 时的木材密度分布。杨树是一种早材与晚材结构差异较小的木材，压缩处理后通过显微镜观察，不能区分早材和晚材的形态差异，但压缩后剖面密度分布有明显变化。压缩率 63% 的木材剖面密度呈"M"形分布，呈现出高密度表面区域和低密度的中心区域，Kutnar 和 Kamke 认为这种密度分布是典型的人造板型密度分布。压缩率提高至 98% 时，平均密度增加，同时也改变了密度分布。靠近表面的密度出现峰值后形成山谷一样的低密度区，之后是一个宽阔的中心峰值区，其密度接近靠近表面区域的密度。压缩率达到 132% 时，形成了两个内部密度峰，而且这两个峰是对称的。

Rautkari 等（2011）用厚度为 20mm 和 16mm 的欧洲赤松木材，在温度 20℃，相对湿度 35%、65% 和 75% 的环境中放置 2 个月以上，获得平衡含水率分别为 9.6%、12.4% 和 15.6% 的木材，实施压缩试验。将 3 种含水率的木材在 150℃ 和 200℃ 下压缩至 15mm 发现，低压缩比的情况下，压缩后出现了比平均密度高 45% 的高密度区域。木材含水率、压缩温度、压缩时间和压缩率等工艺参数会影响木材的密度分布以及高密度区域出现的位置。结果表明初始含水率比较低且均匀的情况下，通过工艺调整，也可以改变木材的密度分布。

通过浸水、放置、改变预热时间压缩形成的层状压缩（Gao et al.，2018），以及上述通过表面加工沟槽、浸水、微波预热压缩（Inoue et al.，1990），或者用气干木材直接预热压缩（Wang and Cooper，2005a，2005b），湿热软化后改变压缩率的压缩（Kunter et al.，2009）等方式，形成了剖面密度分布形态不同的压缩木材。从层状压缩形成以及密度分布对预热时间依存性的研究结果，发现压缩层形成位置、厚度和密度对预热时间的依存变化是有规律的，这种规律性变化，可为压缩层形成的可控性研究提供依据。

3.4　不同预热时间下形成的层状压缩木材的结构特征

压缩层形成位置、厚度、密度等特征值是表征层状压缩木材密度分布特征的重要参数，也是理解层状压缩木材结构特征，预测和推断木材性能的指标。

表 3-1 为不同预热时间下形成的层状压缩木材压缩层的结构特征参数值。随着预热时间的增加，上、下压缩层距表面的距离增大，压缩层厚度也逐渐增厚，压缩层平均密度和峰值密度逐渐降低，预热时间增加至 480s 时，压缩层的总厚度由不预热时的 3.49mm 增大到最大值 5.63mm，厚度增加了 2.14mm；压缩层的平均密度和密度峰值由 0.780g/cm³ 和 1.110g/cm³ 分别降低至 0.689g/cm³ 和 0.784g/cm³，分别降低了 0.091g/cm³ 和 0.326g/cm³。当预热时间延长至 600s 时，上、下压缩层完全汇聚为一个压缩层，总厚度降低至 3.57mm，压缩层距表面的距离的平均值达到最大值（5.51mm），也就是说压缩后制成的 15mm 厚的板材，压缩层占了厚度的约三分之一，此时，压缩层的平均密度与表层压缩时形成的压缩层的平均密度接近。

表 3-1　不同预热时间下形成的压缩层的结构特征参数值

预热时间/s	数量/个	距表面距离/mm			厚度/mm			密度/（g/cm³）	
		上表面	下表面	平均值	上层	下层	合计	平均值	峰值
0	2	0.00	0.00	0.00	1.70	1.79	3.49	0.780	1.110
10	2	0.37	0.41	0.39	2.14	2.16	4.30	0.751	1.019
20	2	0.27	0.68	0.48	2.41	1.91	4.32	0.765	0.965
40	2	0.87	0.94	0.91	2.66	1.68	4.34	0.751	0.951
80	2	1.20	1.21	1.21	2.19	2.16	4.35	0.770	0.914
120	2	1.65	1.53	1.59	2.38	2.27	4.65	0.749	0.887
240	2	2.28	2.56	2.42	2.51	2.57	5.08	0.724	0.834
360	2	3.62	3.41	3.52	2.86	2.61	5.47	0.691	0.819
480	1	4.57	4.61	4.59	—	—	5.63	0.689	0.784
600	1	5.41	5.60	5.51	—	—	3.57	0.775	0.872

本研究使用的毛白杨平均密度为 0.44g/cm³，实施压缩量为 5mm 的层状压缩，如果换算成压缩率，仅为 25%，无论压缩层在表层还是在内部，压缩层的平均密度都达到了 0.69g/cm³ 以上，较未压缩的对照材增加了 57% 以上。采用传统的整体压缩方式，如果密度提高到这个数值，理论上压缩率至少需要达到 60% 以上。因

此，层状压缩方法可以根据需要定向提高木材密度，节约木材。

为了更直观地展示层状压缩木材结构特性随预热时间增加的变化规律，根据表 3-1 的结果计算出压缩层厚度和密度随预热时间增加的变化率，结果表示在图 3-8 中。从图 3-8 中可以看出，在预热时间由 0s 延长至 80s 时，压缩层厚度变化不明显，变化率为 23%～24%，之后随着预热时间的延长显著增加，预热时间 480s 时，厚度增加率达到最大值（61.32%），之后迅速降低为 2.29%，几乎与表层压缩时形成的压缩层厚度一致。随着预热时间的增加，压缩层平均密度和密度峰值表现出先降低后增加的趋势，密度峰值的最大变化率近−30%，而且其绝对值大于平均密度变化率的绝对值。

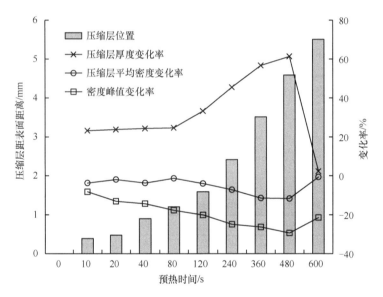

图 3-8　压缩层位置、厚度和密度随预热时间增加的变化曲线

以上结果表明，随着预热时间的增加，压缩层形成位置、厚度和密度呈现规律性变化。压缩层形成位置，即压缩层距表面的距离随着预热时间延长而增大；随着预热时间延长，压缩层厚度呈现缓慢增加后急剧增加再减小的趋势；压缩层平均密度和密度峰值呈现缓慢降低后迅速降低再增加的趋势，而且密度峰值的变化更大。

为了考察通过预热时间预测层状结构特征值的可行性，在层状压缩木材结构特征参数值随预热时间变化规律的基础上，建立预热时间与典型的结构特征参数密度峰值位置（距表面的距离）及其移动速度之间的函数关系，分析压缩层厚度与密度之间的相互关系，结果如图 3-9、图 3-10 所示。

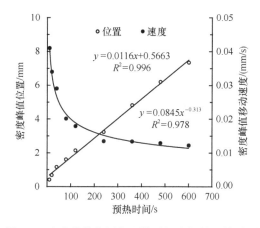

图 3-9　密度峰值位置与预热时间之间的函数关系

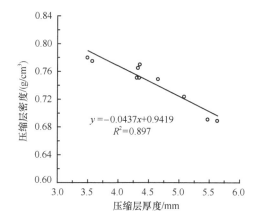

图 3-10　压缩层密度与厚度间的函数关系

　　压缩层密度峰值的移动速度与预热时间之间呈现拟合度非常高的幂函数关系，属于幂小于零的减函数，决定系数为 0.978；而压缩层的密度峰值位置与预热时间之间则呈现线性函数关系，决定系数为 0.996（图 3-9）。随着压缩层厚度的增大，压缩层密度逐渐减小，两者之间呈线性函数关系，决定系数为 0.897（图 3-10）。层状压缩木材特征值之间，及其与预热时间之间的函数关系分析的意义在于，利用压缩层形成位置与预热时间的函数关系，压缩层密度和厚度之间的关系，理论上可以根据预设目标，通过预热工艺设计，控制压缩层的形成和层状压缩木材的结构。

3.5　预热时间对木材含水率分布的影响

　　木材经过浸水、放置和预热形成的含水率分布是以剖面密度分布测定结果为基础数据，采用分层含水率计算的方式获得的（Cai，2008；李贤军等，2010）。
图 3-11 为浸水、放置后木材内部含水率分布随着预热时间增加的变化曲线。干燥木材经过浸水和 18h 放置处理后，高含水率区域依然主要集中在木材表层。预热处理后，随着预热时间的延长，高含水率区域由表层逐渐向中心移动。预热时间达到 600s 时，高含水率区域出现在厚度方向的中心部位。从曲线形态看，木材浸水、放置后，含水率分布呈"凹"字形，预热时间从 10s 延长至 480s 时，含水率分布均呈"M"形，预热时间达到 600s 时，含水率分布呈"凸"字形。随着预热时间的变化，形成的高含水率区域的变化规律，与图 3-6 所示的预热后压缩形成的压缩层位置的变化规律高度一致，表明压缩层形成位置与含水率分布，特别是高含水率区域形成的位置密切相关。

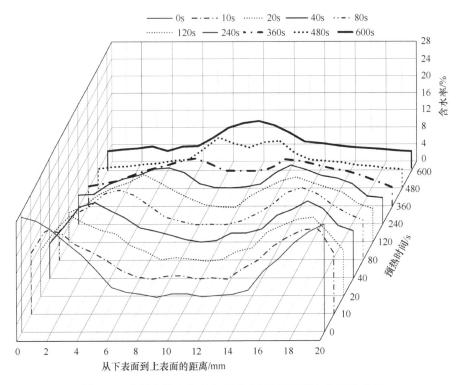

图 3-11 木材内部含水率分布随着预热时间增加的变化曲线

表 3-2 为不同预热时间下木材内部含水率分布的特征参数。木材浸水、放置后木材的最大含水率出现在木材表面，为 27.16%，最大含水率与最小含水率之间的差值为 19.06%，含水率梯度非常大，此时木材的平均含水率为 16.02%，预热处理后，随着预热时间的增加，含水率最大值、含水率差值和平均含水率都表现出逐渐降低的趋势，但从预热时间 360s 开始，至预热时间 600s，含水率最大值和

含水率差值几乎没有变化或者变化非常小，此时最大含水率约为 11%，含水率差值为 6%～8%。随着预热时间的延长木材的平均含水率逐渐降低。

表 3-2　不同预热时间下木材内部含水率分布的特征参数

预热时间/s	含水率/%			高含水率区域厚度/mm
	平均值	最大值	差值	
0	16.02	27.16	19.06	8.27
10	13.17	19.78	11.70	8.79
20	12.93	18.90	10.74	9.21
40	12.69	17.98	9.55	9.29
80	11.87	16.90	8.79	10.08
120	11.05	15.82	9.13	7.88
240	10.07	13.80	7.66	7.61
360	8.15	11.28	6.82	7.34
480	7.07	11.92	7.48	3.75
600	6.70	11.09	6.66	2.64

高含水率区域厚度，未预热处理时为 8.27mm，随着预热时间增加，呈现先增大再减小的趋势，高含水率区域的厚度在预热 80s 时达到最大值（10.08mm），最小值出现在加热 600s 时，为 2.64mm。本研究中，高含水率区域定义为含水率大于初始含水率的区域，也就是含水率大于 9% 的区域，但在预热时间延长至 360s 开始，木材的平均含水率为 8.15%，已经低于初始含水率，此时含水率差值为 6.82%，高含水率区域厚度为 7.34mm，而且预热时间继续延长时，最大含水率和含水率差值几乎不再变化。上述研究结果表明，压缩层厚度随预热时间延长的变化，不一定取决于含水率区域的厚度，而是与最大含水率和含水率差值关系更密切。

基于不同预热时间下含水率峰值位置距表面的距离及其移动速度的变化趋势与密度峰值位置距表面的距离及其移动速度的变化趋势高度一致，选择与其相同的函数式，拟合函数模型，结果表示在图 3-12 中。含水率峰值的移动速度对预热时间的依存关系，与压缩层形成位置的移动速度随预热时间变化的函数关系不仅高度一致，而且拟合度都很高。虽然含水率峰值位置距表面的距离，随预热时间增加的变化趋势，与压缩层密度峰值位置随预热时间增加的变化趋势高度一致，但同样选择线性函数式拟合时，部分实测点偏离曲线，拟合度略低于压缩层形成位置随预热时间变化的拟合函数。

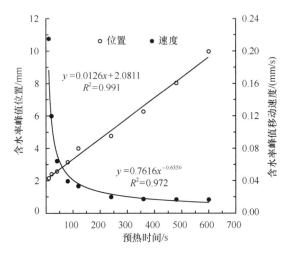

图 3-12　含水率峰值与预热时间之间的函数关系

3.6　压缩层位置与含水率分布的关系

随着预热时间的延长，含水率峰值位置与压缩层形成位置的变化趋势高度一致，说明通过浸水、放置和预热处理形成的含水率峰值，与压缩层形成密切相关，因此，有必要从统计学的角度，进一步分析层状压缩形成位置与含水率峰值之间的关系。

尽管压缩层形成位置以及含水率峰值位置与预热时间之间的关系可以用线性函数拟合，而且决定系数均在 0.99 以上（图 3-9、图 3-12），达到极显著相关水平，但在普通坐标轴下拟合的线性函数，不能反映压缩层位置和含水率峰值位置移动速度的变化。从图 3-9 中可以看出，预热时间从 0s 到 80s 范围内，随着预热时间的延长，压缩层形成位置的移动速度从 0.041mm/s 降低至 0.020mm/s，降低了 50% 以上；预热时间从 120s 延长至 600s 时，压缩位置的移动速度缓慢降低至 0.012mm/s，在这个预热时间段，时间延长了 480s，速度仅降低了 31.6%。含水率峰值的移动速度与压缩层位置移动速度的变化规律具有相同的趋势（图 3-12）。

对数坐标是表示变量变化强度的方法，也是观察变量长时间尺度变化趋势的手段之一。通常情况下，在对数坐标轴上能够比较直观地看到变量的变化趋势。因此，在对数坐标下，绘制压缩层形成位置以及含水率峰值位置随预热时间增加的变化曲线，依据趋势线的变化规律，建立函数模型，结果如图 3-13 和图 3-14 所示。在对数坐标轴下可以明显看出，压缩层形成位置以及含水率峰值位置与预热时间之间均呈指数函数关系，并不是在普通坐标上观察到的线性关系。

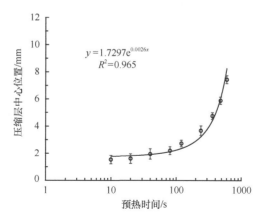

图 3-13　对数坐标下压缩层中心位置随预热时间增加的变化曲线及其函数关系

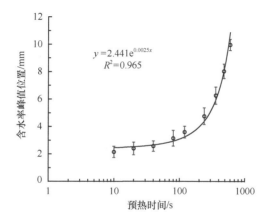

图 3-14　对数坐标下含水率峰值位置随预热时间增加的变化曲线及其函数关系

图 3-13 和图 3-14 中的两个模型，除常数项有差异外，几乎是一样的。常数项的差异，来源于木材总厚度的不同。压缩木材和含水率分布测试木材原始厚度均为 20mm，压缩木材是由 20mm 压缩至 15mm 后，计算压缩层位置的，而含水率峰值位置是未压缩状态下的位置。由此可见，从预热时间 600s 的长时间变化趋势看，随预热时间增加，压缩层距表面的距离以及含水率峰值位置距表面的距离，是呈指数函数形式增大的。

为了将压缩层位置和含水率峰值位置放在同一基准下比较，以含水率峰值距离表面的距离与木材厚度的比值，计算出含水率峰值在厚度方向上的相对位置，以压缩层密度峰值距离表面的距离与木材厚度的比值，计算出压缩层密度峰值相对位置。建立含水率峰值相对位置与密度峰值相对位置之间的函数关系，结果如图 3-15 所示。含水率峰值相对位置与压缩层密度峰值相对位置之间呈极显著的线性相关关系，而且直线几乎是通过原点的，线性函数的决定系数为 0.995。

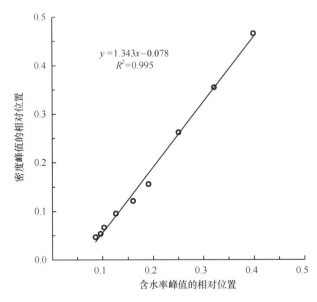

图 3-15　含水率峰值相对位置与压缩层密度峰值相对位置之间的关系

　　木材在热压干燥过程中，随着预热时间的延长，由于含水率的降低导致蒸汽压力减小，热量传递速度降低，含水率峰值移动速度降低（Matsumoto et al.，2012）。高含水率的竹材在热压干燥过程中，内部的水分向外层移动，逐步形成了内高外低的含水率梯度和水蒸气分压梯度。同时，由于含水率较高的表层水分汽化，形成较高的蒸汽压力，使水分向芯层扩散，引起含水率峰值向内部移动（孙照斌，2006），这种变化规律与木材相似。热板加热过程中木材内部热、质分布的变化会直接影响木材的屈服应力和软化特性。研究表明，含水率增加会引起木材刚度降低、塑性增加（Moutee et al.，2010），因此形成了含水率峰值出现的位置与压缩层形成位置的一致性。

3.7　压缩层厚度与含水率分布的关系

　　高含水率区域和压缩层厚度随预热时间增加的变化，均呈现先增加后减小的趋势。为了分析两者之间的关联性，绘制了高含水率区域厚度和压缩层厚度随预热时间增加的变化曲线（图 3-16）。从图 3-16 中可以看出，高含水率区域厚度的最大值出现在预热时间 80s 时，而压缩层厚度的最大值出现在预热时间 480s 时，而且两者的变化规律完全不一致。上述结果表明，压缩层形成厚度可能与含水率区域的厚度之间无相关性。

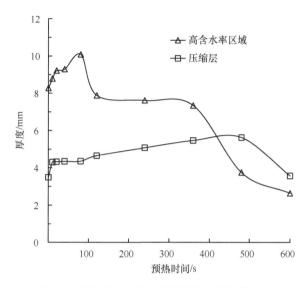

图 3-16　高含水率区域和压缩层厚度随预热时间增加的变化曲线

　　初始含水率均匀或者是平衡状态下，改变预加热时间、加热温度、加载速度和压缩率可以形成不同剖面密度分布的压缩木材（Wang and Cooper，2005a，2005b；Kunter et al.，2009；Rautkari et al.，2011）。本章从水分可以增加木材的塑性，降低屈服应力等木材性能与水分之间的关系出发，将干燥木材实施浸水处理后，再通过高温预热处理，调控木材内部的水分分布，发现在长时间尺度下，压缩层距表面的距离以及含水率峰值位置距表面的距离与预热时间之间是极其相近的 2 个指数函数，含水率峰值与压缩层形成位置的函数关系，几乎是一条通过原点的直线。这一发现为木材密度分布及压缩层形成位置控制模型的建立提供了依据。

3.8　本 章 小 结

　　本章在第 2 章的基础上，将经过表层浸水和放置处理的木材，在 180℃高温热板夹持下进行不同时间的预热处理，研究预热时间对层状压缩木材形成、密度分布和结构特征的影响，同时，采用相同的材料和方法，平行研究了预热不压缩的情况下，预热时间对木材含水率分布的影响，分析了压缩层形成与含水率分布的关系。主要结论有以下几点。

　　（1）早晚材的密度差异和压缩方向不影响压缩层形成的位置。

　　（2）压缩层形成位置、厚度和密度等层状压缩木材结构特征值，随着预热时间的增加呈现规律性变化，为木材结构的调控提供了可能。

　　（3）浸水、放置、预热处理下，木材内部含水率分布，从未预热的"凹"字形，到短时间预热处理后的"M"形，至长时间预热处理的"凸"字形，呈现 3 种形态的典型分布特征，这些形态特征与预热后压缩形成的木材密度分布特征高度一致。

（4）在普通坐标轴下，压缩层形成位置以及含水率峰值位置与预热时间之间呈线性函数关系，但在对数坐标下，两者之间呈指数函数关系。在普通坐标轴下拟合的线性函数，不能反映压缩层位置和含水率峰值位置移动速度的变化，以及长时间尺度下的变化规律。

（5）含水率峰值位置与压缩层形成位置之间存在显著线性相关关系，而且两者间的相关曲线几乎是一条通过原点的直线。

在木材初始含水率分布梯度形成的基础上，依据木材的传热传质规律，通过改变预热时间，实施含水率分布的再调整，在机械力作用下压缩，形成的层状压缩木材，其密度分布和木材结构的变化，随着预热时间的增加呈现规律性变化，因此，通过建立时间序列函数模型，有望实现木材结构和压缩木材性能的精准控制。

第4章　层状压缩形成对预热温度的依存性

层状压缩的形成及其结构特征依存于预热时间的变化。表层含水率高，内部含水率低的木材，在热板夹持下进行预热处理的情况下，随着预热时间的增加，含水率峰值位置与压缩层位置移动速度的时间序列函数关系高度一致，而且含水率峰值位置与压缩层位置之间的函数关系，几乎是一条通过原点的直线（Gao et al.，2018），可见，延长预热时间，改变了木材内部水分的扩散速度和含水率分布，进而形成了压缩层位置、厚度等结构特征不同的层状压缩木材。

温度是影响木材内部水分扩散的重要因素之一（Simpson and Lin，1991；Hrcka et al.，2008）。温度 90℃时木材内径向水分扩散系数比 60℃时增加 2 倍以上（李延军等，2007）。温度在 100℃以上时，木材内水分相变产生水蒸气。研究发现含水率 24%的木材，在 120℃、160℃和 200℃下加热，内部分别可以产生 0.20MPa、0.45MPa 和 0.60MPa 左右的蒸汽压力（Udaka et al.，2005），较高的蒸汽压力会加速水分的迁移（Hunter，1993；Pang，1997；Rofii et al.，2016）。同时，温度也会影响木材内部热传导速度。因此，改变预热温度是调整木材内部水分分布和温度分布的有效方法。

本章在研究木材层状压缩形成对预热时间依存性的基础上，探讨热板预加热温度对层状压缩层形成的影响及其密度分布的变化规律，分析压缩层密度、压缩层距压缩表面的距离和压缩层厚度等层状压缩木材特征值随热板预热温度升高的变化规律（Li et al.，2018）。

4.1　材料与方法

4.1.1　材料

同 3.1.1。

4.1.2　试样制备

将原木段锯解为尺寸 500mm（L）×150mm（T）×50mm（R）的弦切板，窑干至含水率为 10%以下，取边材加工成尺寸为 400mm（L）×110mm（T）×25mm（R）的试样，横切面和径切面用石蜡封闭后备用。

4.1.3 层状压缩方法

将封端处理后的木材放入水中浸泡 2h，取出后装入密封袋中放置 18h（平均含水率为 18.3%），然后置于热压机的上下热板间预热处理 12min（720s），预热温度分别为 60℃、90℃、120℃、150℃、180℃和 210℃。预热结束后直接进行压力为 6MPa 的间歇式压缩，每个压缩周期为压缩时间 3s，间歇时间 10s，5 个压缩周期后达到目标厚度 20mm，保压 30min 后冷却处理，待压板温度冷却至室温取出试样。同一温度条件下试样重复数 5 次。

4.1.4 剖面密度分布测定

同 3.1.5。

4.1.5 扫描电镜（SEM）观察

从压缩材横切面取包括压缩层和未压缩层的试样，表面喷金处理后，使用 S4800 SEM（Hitachi）分别在 40 倍和 200 倍的放大倍数下观察细胞壁结构。

4.1.6 软 X 射线图像制作

同 3.1.7。

4.1.7 压缩层、过渡层和未压缩层的判定方法

木材压缩后，密度大于素材最大密度 20%的连续部分定义为压缩层，小于素材最大密度的连续区域为未压缩层，密度介于压缩层和未压缩层之间的层为过渡层。本章试验用毛白杨木材的平均密度为 0.44g/cm³，最大密度为 0.49g/cm³，压缩层为密度大于 0.59g/cm³ 的连续区域，过渡层为密度 0.49～0.59g/cm³ 的连续区域，未压缩层为密度小于 0.49g/cm³ 的连续区域。

4.2 预热温度对实木层状压缩形成的影响

预热温度在 60～210℃范围内，在预热时间相同的情况下，改变预热温度形成的层状压缩木材的横切面照片及相应的软 X 射线图像见图 4-1。横切面照片中深色带状层为压缩层，在相应的软 X 射线图像中呈现为亮度高的带状层。由图 4-1 可以看出，采用热板预加热的方式，在温度 60～210℃的条件下预热 12min 后压缩，均形成了具有明显压缩层的层状压缩木材，而且随着预热温度的升高，压缩

层距木材表面的距离逐渐增大。预热温度在 120℃以下时，在横切面上可以看到 2
个对称的压缩层。当预热温度为 60℃时，压缩层形成于木材上下表层；而当预热
温度为 90℃和 120℃时，压缩层形成于木材内部，距木材上下表面有一定距离。
当预热温度升高至 150℃时，两个压缩层汇聚为 1 个中心压缩层，此时压缩层厚
度较大，亮度比较小。预热温度达到或超过 180℃时，随着温度的升高，压缩层
逐渐变窄，软 X 射线图像中压缩层部位呈现的亮度逐渐增大，表明压缩层密度随
着预热温度升高而增大。

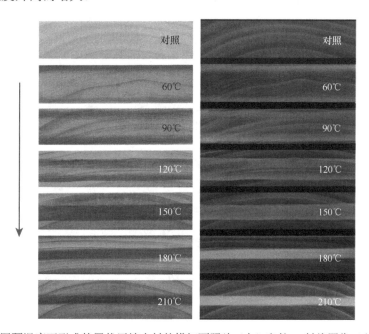

图 4-1　不同预温度下形成的层状压缩木材的横切面照片（左）和软 X 射线图像（右）（彩图请
扫封底二维码）

箭头表示压缩方向，所有处理的预热时间为 12min

从图 4-1 的横切面照片和软 X 射线图像中都可以看出，木材生长过程中形成
的生长轮因早晚材密度差异明显呈弧形结构，上部为晚材，下部为早材，密度分
布不均匀的各向异性特征非常明显。层状压缩后，弧形结构和高密度的层状结构
并存。当压缩层形成于板材的表层时，由于上下表层密度大，内部密度小，形成
了类似于胶合板的层状结构，使板材上下面处于平衡状态，减少了天然木材因生
长轮环形结构形成的板材密度和性能的各向异性。这种结构的改变，对减少木材
的开裂变形，提高尺寸稳定性是非常有益的。

通过扫描电镜照片进一步观察分析层状压缩木材的压缩层、过渡层和未压缩
层细胞壁变形及细胞腔消失情况。图 4-2 为预热温度 150℃下形成的层状压缩木材

从未压缩层至压缩层区域的软 X 射线图像和电子显微镜照片。从照片中可以看出，径向压缩形成的层状压缩木材，在横切面 2～3mm 的长度范围内，就可以明显看到木质部细胞大变形的压缩层和细胞形态完全没有变形的未压缩层同时存在。压缩层区域大部分导管和木纤维的细胞腔几乎完全消失，在低倍镜下可以看到有少量大变形的导管腔存在，在高倍镜下可以看到还有部分大变形的木纤维细胞腔存在。过渡层的导管和木纤维细胞都出现了明显的变形，但细胞腔均清晰可见。未压缩层的导管和木纤维细胞均未出现细胞变形。虽然压缩层和过渡层的木材细胞壁发生了不同程度的屈曲变形，但未见细胞壁有压缩造成的裂痕，说明压缩前预热 12min，木材的被压缩部分得到了充分软化。因此，层状压缩过程中采用的热板预加热处理，不仅可以调节压缩层形成位置，而且可以作为木材压缩前的软化处理过程，替代传统木材压缩过程所必需的蒸煮软化处理。

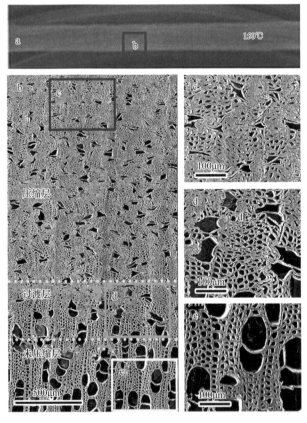

图 4-2 预热温度 150℃下形成的层状压缩木材横切面软 X 射线图像和扫描电镜照片

a. 软 X 射线照片；b. 照片 a 中 b 区域的扫描电镜照片；c.照片 b 中压缩层中 c 区域的局部放大图像；d. 照片 b 中过渡层中 d 区域的局部放大图；e. 照片 b 中未压缩层 e 区域的局部放大图

木材在初始含水率分布相同的条件下，预热时间相同时，改变预热温度，可以形成压缩层位于表层至中心层的层状压缩木材；预热温度相同时，改变预热时间，同样也可以形成压缩层位于表层至中心层的层状压缩木材。图 4-3、图 4-4 分别为图 4-1 和图 3-5 所示的通过改变预热温度和改变预热时间获得的层状压缩木材的实物照片。

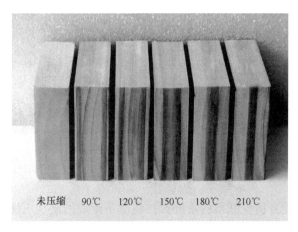

图 4-3   不同预热温度下形成的层状压缩木材的实物照片

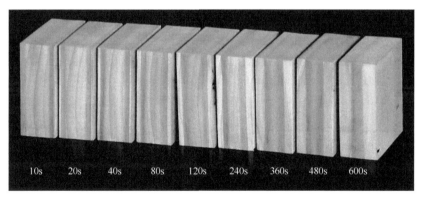

图 4-4   不同预热时间下形成的层状压缩木材的实物照片

综合分析热板加热下预热时间和预热温度对层状压缩形成的研究结果认为，层状压缩木材可以归纳为三种结构模式，即表层压缩结构、中间层压缩结构（压缩层位于表层至中心之间）和中心层压缩结构。图 4-5 为层状压缩木材的形成过程及其三种基本结构模式的示意图。在此，根据层状压缩木材的结构特征，提出了表层压缩、中间层压缩和中心层压缩的概念，以便于在后续研究中对层状压缩木材结构、性能以及形成机制的解析。

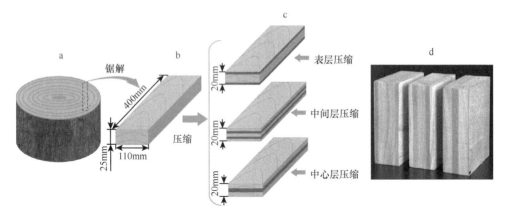

图 4-5　层状压缩木材的形成过程及其结构模式示意图

a. 原木；b. 弦向板；c. 层状压缩木材；d. 实物照片。图中深色层面表示压缩层

4.3　预热温度对层状压缩木材密度分布的影响

采用剖面密度分析仪测得的不同预热温度下形成的层状压缩木材密度分布如图 4-6 所示。预热温度为 60℃时，在板材的上下表层各出现了一个密度较高的压缩层，随着预热温度升高，压缩层出现的位置距表面的距离逐渐增大，到预热温度 150℃时，高密度层在厚度方向的中心部位汇聚，形成 1 个中心部位的压缩层，但是此时仍可以看出有 2 个密度峰值，180℃及以上时 2 个密度峰值重合，压缩层汇聚形成 1 个压缩层，形成中心部位密度高、表面密度低的中心层压缩木材。这

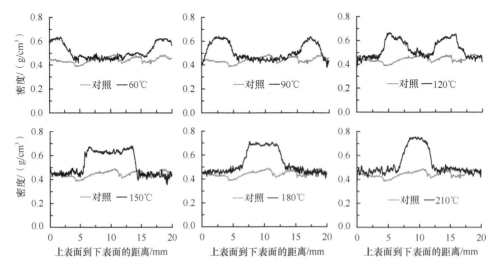

图 4-6　不同预热温度下形成的层状压缩木材的密度分布

图中的温度表示预热温度

个结果与黄荣凤他（2012）采用浸水、放置、预热压缩方式，控制预热时间在 10～420s 范围内，压缩后获得的层状压缩木材，以及 Gao 等（2018）控制预热时间在 0～600s 获得的层状压缩木材的密度分布变化规律非常相近，表明增加预热时间和提高预热温度对层状压缩形成有类似的作用。

不同预热温度下形成的层状压缩木材的特征参数值见表 4-1。压缩层的平均密度和最大密度随着预热温度的升高呈增大趋势，两者均高于 0.61g/cm³，结果表明，表面浸水处理的木材，即使在预热温度 60℃下预热、压缩，在压缩总量 5mm，换算成压缩率为 20%的情况下，也可以形成明显的压缩层，压缩层密度比对照材提高了 38.64%以上。预热温度为 210℃时，压缩层平均密度和最大密度分别为 0.71g/cm³ 和 0.75g/cm³，与对照材相比分别增加 61.36%和 70.45%。F 检验结果表明，预热温度对压缩层平均密度和最大密度的影响极显著（$P < 0.01$）。压缩层的平均密度与最大密度值之间无显著差异，表明压缩层密度分布比较均匀。

表 4-1　不同预热温度下形成的层状压缩木材的特征参数

预热温度/℃	压缩层			
	数量/个	厚度/mm	平均密度/（g/cm³）	最大密度/（g/cm³）
60	2	4.92（0.22）	0.61（0.01）	0.63（0.01）
90	2	5.13（0.31）	0.61（0.02）	0.66（0.03）
120	2	5.64（0.65）	0.63（0.01）	0.66（0.01）
150	1	8.10（0.05）	0.64（0.01）	0.68（0.01）
180	1	5.49（0.49）	0.68（0.01）	0.71（0.01）
210	1	4.59（0.33）	0.71（0.01）	0.75（0.01）

注：括号中的数值为测试样品的平均变异系数。

4.4　预热温度对压缩层形成位置和厚度的影响

图 4-7 为预热时间 12min 的情况下，随预热温度升高，压缩层形成位置和密度峰值位置的变化曲线。在预热时间不变的情况下，压缩层距木材表面的距离随着预热温度的升高逐渐增大。预热温度 60℃时，压缩层形成于表层；预热温度升高至 150℃的过程中，随着预热温度升高，压缩层距离表面的距离几乎呈直线形迅速增加至 5.94mm；预热温度升高至 210℃时，压缩层距表面距离增大至最大值 7.70mm（图 4-7a）。预热温度每升高 30℃，压缩层向木材中心移动距离的增加量为 0～2.71mm。当温度低于 120℃时，温度每升高 30℃，压缩层距表面距离的增加量，随着温度的升高而增大，到 120℃时这个变化量达到最大值（2.71mm），之后随着预热温度的提高，压缩层位置距表层距离的增加量逐渐减小（图 4-7b）。这种压缩层形成位置随预热温度升高的变化规律，可能由于较低温度下水分和温度

移动速度相对较慢，而且 100℃是水的相变点，此时需要消耗更多的能量，当预热温度达到 120℃以上时，产生的水蒸气压力差加速了水分的迁移和温度的传递（Hunter，1993；Pang，1997；Rofii et al.，2016）。

密度峰值位置随预热温度的升高，呈现逐渐增大的趋势。预热温度达到 180℃时，上下密度峰值恰好重合于木材厚度方向的中心处，形成一个比较宽的压缩层（图 4-6）。继续升高温度至 210℃时，压缩层距离表面的距离的增加量显著降低至 0.45mm，形成一个明显的拐点；此时，密度峰值位置出现在距离表面 9.98mm 处，几乎是板材厚度方向的正中心位置，也是本研究中密度峰值位置在板材厚度方向移动距离的极限值（图 4-7b）。

压缩层的总厚度随着预热温度的升高呈先增大后减小的变化趋势（表 4-1）。预热温度 60℃时，压缩层厚度为 4.92mm；预热温度 150℃时，上下压缩层开始汇聚，厚度达到最大值（8.10mm）；温度继续升高时，由于上下 2 个压缩层重合，预热温度继续升高至 180℃时，压缩层厚度开始减小；预热温度达到 210℃时，压缩层厚度达到最小值，为 4.59mm。

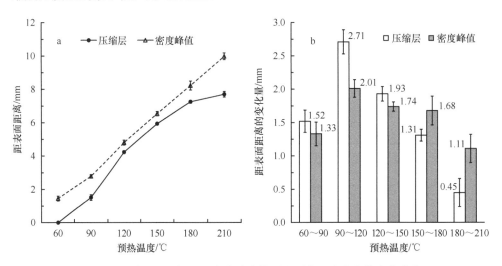

图 4-7　压缩层形成位置和密度峰值位置随预热温度升高的变化曲线
b 图中的数据为预热温度每升高 30℃时，压缩层距表面距离的变化量

图 4-8 为根据表 4-1 的结果计算出的压缩层厚度和密度随预热温度升高的变化率，并与压缩层形成位置放在同一张图中，以便于分析压缩层厚度、密度和位置变化的关联性，发现层状压缩形成随预热温度升高的变化规律。从图 4-8 中可以看出，预热温度由 60℃提高至 210℃时，压缩层厚度变化非常明显，特别是在预热温度 150℃时，压缩层厚度较 60℃时增加了 64.63%，此时，预热温度继续升高，压缩层厚度降低，预热温度达到 210℃时，厚度较 60℃时降低了 6.71%。压

缩层平均密度变化率和密度峰值提高率，随着预热温度的升高逐渐增大，而且两条变化率曲线几乎是平行变化的。平均密度变化率由 38.64% 增大至 61.37%。在所有预热温度下，密度峰值变化率较平均密度变化率高 7%～11%。

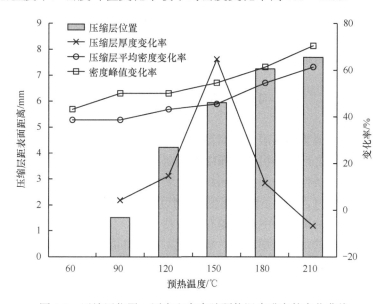

图 4-8　压缩层位置、厚度和密度随预热温度升高的变化曲线

本章采用板材干燥后，再实施表层浸水、放置处理，在厚度方向先形成较大的水分梯度，即表层含水率高，内部含水率低，之后再在不同的温度下，进行预热处理和压缩，热板预热处理的过程可看作是木材的湿热软化处理过程。由于热板加热时，木材表层的水分一边蒸发，一边向木材的内部移动（Haque，2007），所以经过一定时间的预加热后，就会使木材表面被干燥，而木材内部的含水率和温度在升高，又形成了表层含水率较低、中间含水率相对较高的含水率梯度。这些处理过程都可以改变木材内部的含水率分布和温度分布，形成不同的含水率梯度和温度梯度。

木材含水率和温度是影响木材软化和屈服应力的重要因素。木材大组分中，木质素的含量和软化特性是影响木材软化的主要因素（Yokoyama et al.，2000；Furuta et al.，2010）。木质素的软化点与水分关系密切。木材在全干状态下木质素的软化温度为 150℃左右；当含水率为 20% 时，木质素的软化温度降低为 80℃左右（Furuta et al.，2010）。

对于初始含水率相同的木材，热板预热开始后，板材中心温度上升滞后于表面，因此在厚度方向上形成了很大的温度梯度，而且预热温度越高，厚度方向上的温度梯度越大（Beard et al.，1983，1985；Tang，1994）。同时，热板预热温度还通过影响水分扩散系数改变木材厚度方向的水分分布（Fotsing and Tchagang，2005；Hrcka et al.，2008）。因此，在不同的预热温度下，加热时间相同时，在板材的厚度方向上形成了不同的温度和含水率梯度，导致木材厚度方向上出现屈服应力的梯度分布，也就是说形成了屈服应力差。由于较高含水率、较高温度的层面屈服应力小，在木材压缩时更易被压缩变形（Inoue et al.，1990），因此不同温度下预热后压缩，压缩层会出现在木材厚度方向的表层、中间层和中心层位置。

4.5 本 章 小 结

将毛白杨木材调整至表层含水率高、内部水率低的状态后，采用热板预加热方式软化木材，之后施加机械力压缩的层状压缩方法，在预热时间相同、预热温度 60～210℃ 的条件下，获得了压缩层距表面距离、压缩层厚度和压缩层密度不同的层状压缩木材，分析了预热温度对层状压缩形成及密度分布、压缩层位置、厚度等特征参数值的影响。主要结论有以下几点。

（1）对干燥后的木材表层浸水、放置后，在预热温度 60～210℃ 下预热处理 12min 后直接压缩，均形成了具有明显压缩层的层状压缩木材。根据层状压缩木材压缩层的形成位置及结构特征，提出了表层压缩、中间层压缩和中心层压缩的概念。对层状压缩木材显微观察结果表明，压缩层的木材细胞壁发生屈曲变形且几乎填满细胞腔，但细胞壁上未观察到裂隙。

（2）压缩层距表面的距离随着预热温度的升高逐渐增加，可以由 60℃ 时的表层增加至 210℃ 时的距表层 7.70mm。压缩层距木材表面的距离增加量在 90℃ 升高至 120℃ 时达到最大值（2.71mm），之后随着预热温度的升高逐渐降低。通过提高预热温度，可以获得与增加预热时间非常相近的压缩木材的密度分布变化规律。表明增加预热时间和提高预热温度对层状压缩形成有类似的作用。

（3）压缩层厚度的变化范围为 4.92～8.10mm，压缩层的平均密度大于 0.60g/cm^3。210℃ 预热处理下，获得了压缩层平均密度（0.70g/cm^3）和最大密度（0.75g/cm^3）最大的层状压缩木材，分别较对照材增加了 61.36% 和 70.45%。

层状压缩的形成不仅与预热时间密切相关，而且在预热时间相同的情况下，改变预热温度，也可以获得压缩层形成于表层至中心层之间任意位置的层状压缩木材。

第5章 时间-温度交互作用下层状压缩的 形成及结构调控

木材层状压缩技术可以通过改变预热温度（Li et al.，2018）和预热时间（黄荣鳳他，2012；Gao et al.，2018）使木材厚度方向上各层面之间形成温度梯度和含水率梯度，在机械压缩力作用下，含水率及温度高的层面首先被压缩，在压缩量5mm，换算成压缩率仅为20%~25%的情况下，压缩率处于较低水平，木材内部含水率及温度较低的层面几乎完全不被压缩，因此，在板材的厚度方向上形成高密度区域和低密度区域并存的层状结构，获得了高密度区域可形成于表层或木材内部任意部位的层状压缩木材（黄荣鳳他，2012；Li et al.，2018；Gao et al.，2018）。

木材软化与水分和温度密切相关（Furuta et al.，2010），充分软化后压缩处理的木材，细胞壁不会出现明显裂隙或断裂（Wolcott et al.，1990，1994），因此，密实化木材的物理力学性能也不会由此产生负面影响（Navi and Girardet，2000）。密实化木材的密度分布和尺寸稳定性受木材初始含水率、热压温度、压缩率和热压时间及其相互作用等多种因素的影响，但主要取决于温度和时间（Kúdela et al.，2018）。木材内部大多数扩散阻力与细胞壁上的水分凝结或细胞壁相反一侧的蒸发流动收缩有关。木材中水分移动只有一种驱动力，这个驱动力与木材中水分存在状态之间存在函数关系。以水蒸气为驱动力时，推导出的扩散系数获得了很好的拟合结果（Hunter，1993）。延长加热时间，可使木材中心温度和含水率升高，进而在木材内部生成新的温度和含水率梯度，另外，升高热压温度可加速水分的移动，减少热压或干燥所需时间（Simpson et al.，1988；Ito et al.，1998）。可见，加热温度和加热时间的共同作用决定了木材内部水蒸气压力水平和温度梯度。

层状压缩研究表明，温度60~210℃范围内预热12min时，压缩层距木材表面的距离随着温度的升高而增加，可由60℃时的表层增加至距表层7.70mm的中心部位（Li et al.，2018）。在预热温度180℃下预热0~600s后压缩，随着预热时间的延长，压缩层位置也可以从木材表面移至木材中心部位（Gao et al.，2018）。由于提高加热温度或者延长加热时间都会影响水蒸气在木材内部的扩散，在木材内部形成内高外低的含水率梯度（Gao et al.，2018），压缩后获得了压缩层形成位置逐渐向中心移动的层状压缩木材。

基于层状压缩形成对预热时间和预热温度依存性的研究结果，本章将预热温度调整至 75～210℃范围内，温度间隔 15℃，预热时间为 4min、8min 和 12min 的预热处理条件下，进一步探讨热板加热下预热温度、预热时间及其交互作用对层状压缩形成、层状压缩木材密度分布特征以及压缩层与未压缩层木材细胞壁结构变化的影响。通过多元非线性回归分析方法，建立 3 个加热时间条件下压缩层位置与预热温度之间的函数关系。

5.1　材料与方法

5.1.1　材料

本章试验材料选用人工林欧美杨杂交品种 107 杨（*Populus* × *euramericana* cv. 'Neva'）（以下简称 107 杨），采自山东冠县，树龄 25 年，胸径 25～30cm。

5.1.2　试样制备

将原木段锯解为 500mm（*L*）×150mm（*T*）×30mm（*R*）的弦切板，干燥至含水率 8%。取边材加工成 210mm（*L*）×110mm（*T*）×25mm（*R*）的试样，共 180 块，横切面和径切面用石蜡封闭后备用。

先将 180 块试样分为三组，每组 60 块，分别用于预热 4min、8min 和 12min 的压缩处理。压缩处理前，先截取对照样 A 用于剖面密度的测定，尺寸 50mm（*L*）×50mm（*T*）×25mm（*R*），剩余试材尺寸为 156mm（*L*）×110mm（*T*）×25mm（*R*），用于压缩处理。

5.1.3　层状压缩方法

层状压缩方法同 4.1.3。

预热温度设定为 75℃、90℃、105℃、120℃、135℃、150℃、165℃、180℃、195℃、210℃，共 10 个温度条件；预热时间设定为 4min、8min 和 12min，共 3 个时间条件，每个条件下 6 次重复。

5.1.4　剖面密度分布测定

同 3.1.5。

5.1.5　扫描电镜（SEM）观察

从层状压缩木材上取出试样，表面喷金处理后，使用 S4800 SEM（Hitachi）

在 30 倍、200 倍和 400 倍的放大倍数下观察横切面上细胞壁的变形情况。SEM 观察材料，选取预热温度 75℃、120℃，预热时间 4min，以及预热温度 180℃，预热时间 12min 下压缩获得的层状压缩木材，在细胞水平上表征压缩层在表面、中间和中心的 3 种层状结构类型（Li et al.，2018），分析各种结构类型的层状压缩木材细胞组织结构的变化。

5.1.6　软 X 射线图像制作

同 3.1.7。

5.1.7　压缩层、过渡层和未压缩层的判定方法

同 4.1.7。

5.1.8　数据统计分析

用 SPSS 软件对试验数据进行方差分析和函数拟合。

5.2　层状结构的形成

5.2.1　剖面密度分析

在预热时间 0～600s 的范围内压缩获得的层状压缩木材，压缩层密度峰值位置与预热时间之间呈现拟合度非常高的幂函数关系，而且是幂大于零的增函数（Gao et al.，2018）。在预热温度 60～210℃范围内压缩后获得的层状压缩木材，呈现出压缩层距表面的距离随着预热温度的升高逐渐增加的趋势，压缩层距木材表面的距离增加量在 90℃升高至 120℃时达到最大值，之后随着预热温度的升高逐渐降低（Li et al.，2018），分析预热温度与压缩层密度峰值位置之间的函数关系，拟合度最高的是直线方程。木材中水分移动与木材中水分存在状态之间存在函数关系（Hunter，1993），因此，在温度间隔 30℃下拟合预热温度与压缩层位置之间的数学模型时，可能会由于设定的温度间隔较大，遗漏一些重要的规律性变化。

基于上述分析，在预热温度 75～210℃范围内，预热温度间隔设定为 15℃，预热时间设定为 4min、8min 和 12min 条件下，实施预热软化和压缩，进一步研究预加热的时间-温度交互作用对层状压缩形成的影响。图 5-1 为预热时间、温度及其相互作用下形成的层状压缩木材的密度分布曲线。为了更清晰地看出温度-

时间交互作用下密度分布的变化规律，图 5-1 中只列出了 75℃、150℃和 210℃ 3 个温度条件下获得的层状压缩木材的密度分布曲线。

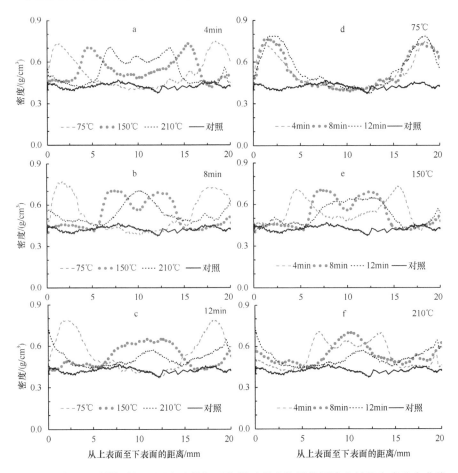

图 5-1　预热时间、温度及其相互作用下形成的层状压缩木材的密度分布曲线

从图 5-1 的 a、b、c 中可以看出，3 种预热温度下，预热 4min、8min 和 12min 时，形成了不同层状结构的压缩木材。预热 4min 和 8min 时，3 种预热温度下形成的高密度区域分别出现在表层、中间层和中心层，形成了 3 种典型结构的层状压缩木材；预热 12min 时，3 种预热温度下形成的高密度区域仅出现在表层和中心层，形成了 2 种结构的层状压缩木材，在 210℃预热压缩时，中心层压缩的同时，表层也被压缩，厚度方向上形成了 3 个密度较高的区域，可以认为形成了 3 个压缩层，但压缩层的密度明显低于预热 75℃和 150℃下形成的层状压缩木材。在绝干状态下，半纤维素和木质素的软化温度分别约是 200℃和 150℃（Takamura，1968；Salmén，1984），木材在 210℃下长时间预热时，即使是干燥木材，表层

一定厚度范围内也已经被软化，因此，在这个温度下预热、压缩，形成了上表层、下表层和中心部位 3 个压缩层。而 150℃是绝干木材软化的临界点，长时间预热软化、压缩后，表层密度稍有提高，但提高程度非常有限。

从图 5-1 的 d、e、f 中可以看出，在预热温度相同的情况下，随着预热时间的延长，压缩层逐渐向中心移动，同时，预热 75℃形成的表层压缩，密度峰值是逐渐增大的，但预热 150℃和 210℃下形成的压缩层密度峰值是逐渐减小的。

5.2.2　层状结构木材细胞的显微结构分析

图 5-2 为表层压缩、中间层压缩和中心层压缩木材的横切面照片、软 X 射线照片和扫描电镜照片。压缩层部位由于压缩密实化作用，密度比未压缩层高至少40%以上，在横切面上用肉眼观察，无论是表层压缩，还是中间层或者中心层压缩，都可以看到一个或者两个平行于上下表面的颜色较深的带状形态，压缩层部位在软 X 射线照片上则呈现的是亮度较高的带状形态。研究结果表明，木材的层状结构在宏观水平上清晰可见。

在 3 种层状结构木材上，分别截取同时包含压缩层和未压缩层区域的木材，在 30 倍、200 倍和 400 倍下放大后，观察木材细胞形态、结构的变化。在 30 倍下观察，表层压缩、中间层压缩和中心层压缩木材的压缩层部位都可以看到细胞腔明显减少（图 5-2 Ⅰa、Ⅱc、Ⅲe），未压缩层细胞腔几乎不发生变化（图 5-2 Ⅰb、Ⅱd、Ⅲf），但在 75℃和 120℃下预热 4min 形成的表层压缩和中心层压缩木材的压缩层部位的可见细胞腔，少于 180℃下预热 12min 形成的中心层压缩木材。

在 200 倍扫描电镜下观察，表层压缩和中间层压缩木材压缩层部位，木纤维细胞的细胞壁屈曲变形，细胞腔几乎完全消失，仅有部分变形的导管细胞腔可见（图 5-2 Ⅰa、Ⅱc）。中心层压缩木材的压缩层部位，多数木纤维细胞和导管细胞发生了变形，仅有少量木纤维细胞腔完全消失（图 5-2 Ⅲe）。

进一步放大到 400 倍下观察，压缩层和未压缩层部位的木纤维和导管细胞均未见压溃或者裂隙。在压缩层部位，由射线薄壁细胞组成的木射线有少量裂隙，但未压缩层部位的薄壁细胞保持完好状态（图 5-2 Ⅱc′、Ⅱd′）。Laine 等（2014）对密实化苏格兰松木材横切面的微观分析表明，压缩后管胞细胞上没有裂隙，但在晚材管胞间发现了微裂隙。由于在未压缩木材中也发现了类似的微裂纹，说明密实化过程中并没有产生这种裂纹。Laine 等（2014）认为，开裂可能是在木材干燥过程产生的（Siau，1984），不太可能来自样品制备过程中的激光削平处理（Wålinder et al.，2009）。杨木压缩层部位由薄壁细胞组成的木射线出现的裂隙，类似于苏格兰松管胞间的裂隙，但未压缩层部位未见裂隙，可能是压缩导致了射线薄壁组织细胞破裂。

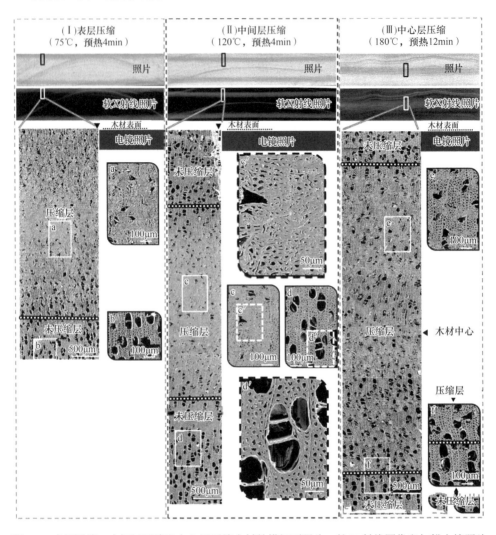

图 5-2　表层压缩、中间层压缩和中心层压缩木材的横切面照片、软 X 射线图像和扫描电镜照片

横切面照片中的黑色框内部分或软 X 射线图像中的白色框内部分为扫描电镜取样部位；a、c、e 为压缩层部位的 30 倍和 200 倍的扫描电镜照片；b、d 为未压缩层部位的 30 倍和 200 倍的扫描电镜照片；f 同时包含压缩层和未压缩层的 200 倍扫描电镜照片；c′、d′为中间层压缩木材的压缩层和未压缩层部位局部放大 400 倍的扫描电镜照片

5.3　层状压缩木材的结构表征

5.3.1　压缩层数量、厚度和密度

　　压缩层数量、厚度和密度是表征层状结构木材特征和性能的主要参数。表 5-1 为不同预热温度和预热时间条件下形成的层状压缩木材的压缩层数量、厚度和密度特征参数值。在预热时间为 4min、8min 和 12min 条件下，当预热温度提高到

表 5-1　不同预热条件下形成的层状压缩木材的特征参数

| 预热条件 | | 木材平均密度/（g/cm³） | | 压缩层的特征参数 | | | |
时间/min	温度/℃	压缩前	层状压缩后	数量/个	厚度/mm	平均密度/（g/cm³）	密度峰值/（g/cm³）
4	75	0.439（0.028）	0.537（0.030）	2	7.52（0.48）	0.666（0.026）	0.771（0.232）
	90	0.432（0.026）	0.550（0.038）	2	8.56（0.97）	0.674（0.032）	0.773（0.056）
	105	0.423（0.022）	0.531（0.032）	2	8.68（1.18）	0.658（0.037）	0.768（0.061）
	120	0.434（0.021）	0.564（0.043）	2	7.86（0.66）	0.685（0.038）	0.802（0.053）
	135	0.452（0.020）	0.549（0.026）	2	7.78（0.66）	0.664（0.027）	0.747（0.036）
	150	0.442（0.024）	0.539（0.029）	2	7.45（0.44）	0.653（0.017）	0.751（0.025）
	165	*0.457（0.027）*	*0.539（0.016）*	*1*	*10.30（0.09）*	*0.609（0.036）*	*0.688（0.030）*
	180	0.423（0.027）	0.516（0.035）	1	10.21（0.46）	0.613（0.038）	0.702（0.056）
	195	0.439（0.030）	0.536（0.043）	1	9.70（0.72）	0.627（0.043）	0.713（0.031）
	210	0.417（0.021）	0.511（0.025）	1	9.36（0.58）	0.575（0.043）	0.689（0.017）
8	75	0.422（0.023）	0.554（0.034）	2	8.99（0.83）	0.665（0.028）	0.760（0.033）
	90	0.435（0.009）	0.556（0.025）	2	9.23（0.78）	0.660（0.023）	0.761（0.033）
	105	0.441（0.008）	0.567（0.033）	2	8.61（1.10）	0.684（0.025）	0.782（0.043）
	120	0.426（0.024）	0.537（0.035）	2	9.23（0.83）	0.642（0.020）	0.741（0.033）
	135	0.431（0.026）	0.538（0.032）	2	8.22（0.36）	0.619（0.030）	0.695（0.035）
	150	*0.426（0.017）*	*0.519（0.024）*	*1*	*8.06（1.20）*	*0.618（0.017）*	*0.688（0.040）*
	165	0.442（0.035）	0.531（0.026）	1	8.11（1.16）	0.640（0.027）	0.689（0.034）
	180	0.427（0.011）	0.517（0.026）	1	7.51（0.96）	0.652（0.016）	0.718（0.023）
	195	0.436（0.022）	0.515（0.024）	1	5.25（1.04）	0.632（0.029）	0.718（0.043）
	210	0.454（0.041）	0.542（0.038）	3	4.67（0.79）	0.627（0.044）	0.703（0.035）
12	75	0.423（0.026）	0.537（0.049）	2	9.28（0.82）	0.640（0.026）	0.725（0.051）
	90	0.427（0.016）	0.557（0.018）	2	10.21（0.43）	0.654（0.020）	0.758（0.026）
	105	0.443（0.029）	0.554（0.033）	2	9.17（0.64）	0.661（0.030）	0.760（0.045）
	120	0.432（0.015）	0.547（0.034）	2	10.75（1.44）	0.626（0.017）	0.695（0.038）
	135	*0.439（0.025）*	*0.530（0.025）*	*1*	*8.83（0.41）*	*0.610（0.034）*	*0.697（0.034）*
	150	0.451（0.039）	0.543（0.043）	1	7.97（0.72）	0.647（0.047）	0.687（0.047）
	165	0.438（0.025）	0.516（0.023）	1	5.56（0.94）	0.628（0.028）	0.707（0.033）
	180	0.433（0.021）	0.518（0.028）	1	5.18（0.72）	0.600（0.071）	0.666（0.071）
	195	0.448（0.026）	0.534（0.040）	3	3.76（1.27）	0.599（0.021）	0.669（0.024）
	210	0.447（0.047）	0.511（0.051）	3	3.12（0.15）	0.565（0.043）	0.588（0.035）

注：括号中的数值为 6 个样本的标准差；135℃预热 12min、150℃预热 8min、165℃预热 4min 处理条件，即斜体字加粗强调部分为压缩层汇聚条件；当形成 3 个压缩层时，压缩层的厚度、平均密度和密度峰值都是以中心压缩层的结果计算的。

一定数值时，均出现了压缩层由 2 个汇聚为 1 个的情况，汇聚点条件分别为 135℃下预热 12min、150℃下预热 8min 和 165℃下预热 4min，预热时间每增加 4min，汇聚点温度降低 15℃。在预热时间 8min 和 12min 条件下，预热温度 195℃ 和 210℃ 时形成了上、下两个表层和中心层 3 个压缩层。

在预热时间和预热温度交互作用下形成的层状压缩木材，压缩层厚度范围为 3.12~10.30mm。在 3 个预热时间下，随着温度的升高，压缩层厚度增加至最大值后呈现降低的趋势。预热 4min 时，在压缩层汇聚点，即 165℃ 条件下，压缩层厚度达到最大值 10.30mm；预热 8min 和 12min 时，压缩层厚度最大值出现在 120℃ 条件下，并未出现在汇聚点条件下。

压缩层平均密度和密度峰值随着预热温度的升高整体呈现出先增大后降低，汇聚为一个压缩层后，随着预热温度升高再次增大，至 3 个压缩层出现时再次降低的趋势。压缩层密度平均值大于 $0.64g/cm^3$。预热 4min、8min 和 12min 时，分别在预热温度 120℃、105℃ 和 105℃ 条件下，压缩层密度和密度峰值达到最大值。其中在预热温度 120℃ 下预热 4min，获得压缩层平均密度最大值为 $0.685g/cm^3$，最大密度峰值为 $0.802g/cm^3$，分别较对照材提高了 55.68% 和 82.27%。

5.3.2 压缩层形成位置

在预热时间 4min、8min 和 12min 下，随着预热温度的升高，压缩层距表面的距离均呈现出缓慢增大、快速增大和平缓增大的趋势，而且这种变化趋势的拐点比较明显。基于这个变化趋势，采用多元非线性回归方程，拟合预热温度与压缩层位置间的函数模型，结果如图 5-3 所示。3 个预热时间下，预热温度和压缩层位置之间呈极显著相关的 4 次函数关系（$P<0.001$），决定系数 R^2 分别为 0.995、0.997 和 0.991，拟合度很高。从图 5-3 中也可以看出，除了压缩层由 2 个汇聚为 1 个时的汇聚点以外，实测值与理论曲线几乎是完全重合的。依据图 5-3 中压缩层形成位置随预热温度升高呈现的变化趋势，将曲线分为三个阶段，第一阶段是 75~105℃ 阶段的缓速区，第二阶段是 105℃ 至各压缩层汇聚点温度的高速区，第三阶段是压缩层汇聚点温度之后的平台区。

为了进一步分析压缩层位置随预热时间增加及预热温度升高的变化规律，说明以压缩层位置变化速率为依据，将压缩层位置的变化过程划分为 3 个阶段的科学意义，根据实测结果，计算出预热温度每增加 15℃，以及预热时间每增加 4min 时，压缩层距表面距离的增加量，结果如图 5-4 所示。

第一阶段，缓速区，预热温度 75~105℃（图 5-3）：在这个温度范围内，3 个预热时间下，随着预热温度升高和预热时间的延长，压缩层距木材表面的距离缓慢增大，增大量为 0.18~1.09mm（图 5-4a）。不同预热温度下，随着预热时间的延长，压缩层位置的增加量也呈现减小趋势，变化范围为 0.04~0.61mm（图 5-4b），特别是预热温度由 90℃ 升高至 105℃ 时，预热 4min、8min 和 12min 的 3 个预热时间条件下，压缩层距木材表面的距离均明显增大，比由 75℃升高至 90℃时分别增加了 2 倍、2.5 倍和 4.5 倍。当预热温度达到 105℃时，由于预热温度高于液态水的沸点，木材中的液体水转化成水蒸气，在蒸汽压力的作用下，水分的移动速度加快（Hunter，1993），因此，在相同的时间下，相对于温度低于沸点的 90℃预热，水分移动距离和热传递距离更大，形成的压缩层距表层的距离也因此而增大。但由于液态水汽化的同时，也需要消耗更多的能量，减缓加热进程（Kúdela et al.，2018），因此，这个阶段的水分移动速度不会太快。

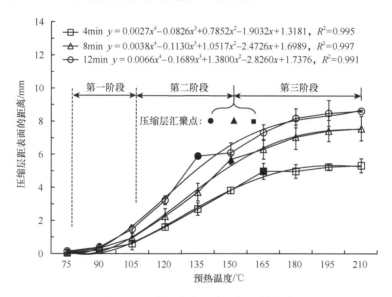

图 5-3　预热温度与压缩层位置的关系

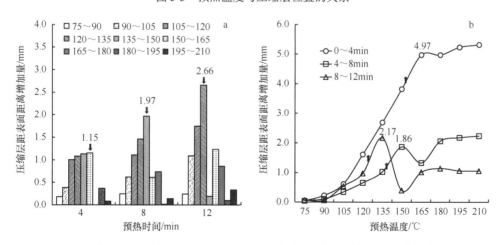

图 5-4　压缩层距木材表面距离增加量随预热时间增加及预热温度升高的变化

a. 预热温度每升高 15℃时，压缩层距表面距离的增加量；b. 预热时间每增加 4min 时，压缩层距表面距离的增加量

第二阶段，高速区，预热温度 105℃至压缩层汇聚点温度（图 5-3）：这个温度范围内，随着预热温度升高和预热时间的延长，压缩层距表面距离迅速增大。预热 4min、8min 和 12min 的 3 个预热时间条件下，压缩层距表面距离增加量的最大值分别为 1.15mm、1.97mm 和 2.66mm，都出现在压缩层汇聚的起始点温度（图 5-4a）。预热时间在 0～12min 范围内，预热时间每增加 4min（图 5-4b），压缩层距离表面距离的增加量，在压缩层汇聚起始点温度时达到最大值，分别为 4.97mm、1.86mm 和 2.17 mm。预热时间 0～4min 时，压缩层形成距离的变化量最大，预热时间增加至 8min 以及 12min 时，压缩层距表面距离增加量明显减小。

延长加热时间，可使木材中心温度和含水率升高，而升高热压温度可加速水分的移动（Kuroda and Siau，1988；Simpson et al.，1988；Ito et al.，1998），含水率峰值位置与压缩层形成位置密切相关。因此，预热时间由 4min 延长至 8min、12min 时，压缩层汇聚点温度由 165℃降低至 150℃、135℃。

第三阶段，平台区，预热温度高于压缩层汇聚点温度（图 5-3）：这个温度范围内，随着预热温度升高和预热时间的延长，压缩层距表面距离的增加量呈现先降低后缓慢升高的趋势。压缩层汇聚后，上下表层水分已汇聚至木材中心部位，含水率梯度已由表层高中间低，转变为表层低中间层高的状态。当压缩层由 2 个汇聚为 1 个时，两个高含水率区域也由两侧汇聚至中央部位，此时延长预热时间，对含水率峰值和高含水率区域宽度的影响很小（Gao et al.，2018），预热时间越长，温度梯度越小，水分迁移速度越慢，压缩层位置移动速度越慢。因此，在压缩层汇聚点温度时，压缩层距表面距离的增加量达到最大值，到平台区时，3 个预热时间增加量下，压缩层距表面距离的增加量均呈平缓曲线，变化非常小（图 5-4b）。

5.3.3 压缩层特征参数值的统计分析

采用统计学方法分析预热温度、预热时间及其交互作用对层状压缩木材的压缩层形成位置、压缩层厚度和平均密度 3 个主要特征参数值的影响，结果如表 5-2 所示。

表 5-2 预热时间、温度及其交互作用对压缩层特征参数值的影响

压缩层特征参数	影响因子	离差平方和（SS）	自由度（df）	均方（MS）	F	Sig.
	TIM	71.51	2	35.755	101.55	***
位置	TEM	699.434	6	116.572	331.07	***
	TIM×TEM	35.503	12	2.959	8.4	***
	TIM	7.409	2	3.704	3.54	*
厚度	TEM	56.802	6	9.467	9.04	***
	TIM×TEM	167.737	12	13.978	13.34	***

压缩层特征参数	影响因子	离差平方和（SS）	自由度（df）	均方（MS）	F	Sig.
	TIM	0.386	2	0.193	0.75	ns
密度	TEM	1.855	6	0.309	1.20	ns
	TIM×TEM	3.062	12	0.255	0.99	ns

注：TIM 表示预热时间、TEM 表示预热温度；TIM×TEM 表示时间与温度的交互作用；
Sig. 表示显著性水平；*和***分别表示 $P<0.05$ 和 $P<0.001$ 水平差异显著；ns 表示没有显著差异。

　　预热温度和预热时间单因素，以及预热时间-温度交互作用，对层状压缩木材压缩层形成位置和压缩层厚度具有显著（$P<0.05$）至极显著（$P<0.001$）影响。但压缩层密度在预热时间、预热温度及预热时间-温度交互作用下影响均不显著。上述结果表明，无论是在同一预热时间下的不同温度处理之间，还是在同一预热温度下的不同预热时间之间，或者是各个预热时间-温度交互作用下形成的层状压缩木材，压缩层位置和厚度都存在显著至极显著差异，但压缩层密度不会受处理温度和时间的影响。

5.4　本章小结

　　在预热温度 75～210℃，预热时间 4～12min 范围内，设定预热温度间隔 15℃，预热时间间隔 4min，探讨热板加热下预热温度、预热时间及其交互作用对层状压缩形成、木材细胞壁结构变化，以及层状压缩木材特征参数值的影响，分析 3 个预热时间条件下压缩层位置随预热温度升高的变化规律，并通过多元非线性回归分析方法，建立了压缩层位置控制函数模型。主要结论有以下几点。

　　（1）在时间-温度交互作用下，形成了表层压缩、中间层压缩和中心层压缩的 3 种典型结构的层状压缩木材。在预热温度 195℃和 210℃的条件下，预热 8min 和 12min 时，上、下表层和中心层均被压缩，形成了 3 个压缩层。压缩层平均密度最大值为 0.685g/cm^3，最大密度峰值为 0.802g/cm^3，分别较对照材提高了 55.68% 和 82.27%。压缩层厚度范围为 3.12～10.30mm，最大值为 10.30mm，出现在 120℃、预热 8min 的条件下。

　　（2）在扫描电镜下观察木材细胞形态、结构的变化。在 30 倍下观察，表层压缩、中间层压缩和中心层压缩木材的压缩层部位，都可以看到细胞壁屈曲变形和细胞腔明显减少，未压缩层细胞腔几乎不发生变化；在 200 倍下观察，表层压缩和中间层压缩木材压缩层部位，木纤维细胞的细胞腔几乎完全消失，仅有部分变形的导管细胞腔可见。在 400 倍下观察，均未见压缩层和未压缩层部位的木纤维和导管细胞被压溃或者出现裂隙，仅在压缩层部位观察到射线薄壁细胞组成的木射线有少量裂隙。

（3）在预热时间为 4min、8min 和 12min 条件下，均出现了压缩层由 2 个汇聚为 1 个的情况，汇聚点温度分别为 165℃、150℃和 135℃。

（4）基于压缩层距表面的距离，随着预热温度的升高呈现出缓慢增大、快速增大和平缓增大的变化趋势，采用多元非线性回归方程，拟合预热温度与压缩层位置间的函数模型，为极显著相关的 4 次函数（$P<0.001$），决定系数 R^2 分别为 0.995、0.997 和 0.991，除了压缩层汇聚点外，实测值与理论曲线几乎完全重合。

（5）根据压缩层形成位置随预热温度升高呈现缓慢变化、高速变化和平缓变化的规律，将曲线分为三个阶段，压缩层汇聚点出现在压缩层缓慢变化阶段。三个区域的划分，可以作为压缩层形成位置和结构调控参数设定的依据。

（6）不同预热时间、预热温度及时间-温度交互作用下形成的层状压缩木材，压缩层位置及压缩层厚度均存在显著或极显著差异，但压缩层密度不受预热时间及预热温度的影响。

第6章　木材内部含水率及温度分布的可控性

木材组分中纤维素非结晶区、半纤维素和木质素分子结构中存在大量吸湿性基团，使木材容易吸湿膨胀，是木材由弹性转变为塑性的重要因素。具有高弹性的干燥木材，吸湿或吸水后，木材组分分子间的结合力减弱，可以由高弹态转变为塑性态；而在高温环境中，由于分子热运动加速，降低了木材的玻璃化转变温度（Morisato et al.，1999；Moutee et al.，2010），也可以由弹性态转变为塑性态。由此可见，温度和含水率通过影响木材的玻璃化转变温度，进而影响木材的软化性能，是木材能够在弹性和塑性间转化的重要因素。

目前木材内部含水率和温度变化规律研究，都是以木材干燥为目标，在初始含水率均匀状态下，或者内高外低的天然分布状态下，展开的应用基础研究（Tang et al.，1994；汪佑宏等，2008；俞昌铭，2011）。高含水率木材在热压干燥过程中，是以热传导的方式由木材表面向内部传递热量。热传导过程表现为，木材表面与热板接触后，表面温度迅速升高，随着加热时间的延长，热量逐渐由表层向木材中心层传递，内部温度随之升高（汪佑宏等，2005；Matsumoto et al.，2012）。热压干燥过程中，随着干燥时间的延长，木材的平均含水率逐渐降低，木材内部含水率分布始终呈现内高外低的倒"V"形，而且表层的低含水率"干区"逐渐增大，中间层的高含水率"湿区"逐渐减小（Tang et al.，1994；汪佑宏等，2008）。

木材的层状压缩是通过水、热调控实现的压缩层位置和压缩层厚度可控的实木压缩技术（黄荣凤他，2012；Gao et al.，2016，2018；Li et al.，2018；Wu et al.，2019）。层状压缩过程的初始含水率分布与木材干燥过程截然不同。层状压缩时，首先要将干燥木材浸水、放置，在板材厚度方向形成表层高、内部低的"凹"形含水率分布。在热板加热预热处理过程中，随着预热时间的延长，平均含水率逐渐降低，但在厚度方向上始终存在一个含水率相对较高的区域，而且这个区域呈现由表层逐渐向中心移动的趋势，最终形成了中间含水率高、表层含水率低的"凸"形分布（Gao et al.，2018）。

木材层状压缩技术与传统的整体压缩相比最主要的区别，是在木材压缩过程中，密实化层可以形成于表层至中心部位任意层面，是压缩层位置和压缩层厚度可控的木材压缩技术。由于层状压缩后，在板材的厚度方向上，高密度的压缩层和低密度的未压缩层同时存在，形成疏密相间的层状结构木材。层状压缩木材的结构类似于胶合板，与早晚材疏密相间形成环形结构的天然木材相比，结构更稳定。

目前已经通过木材表面浸水、放置和热板预加热处理，获得了压缩层位置和压缩层厚度不同的层状压缩木材（Gao et al.，2016，2018；Li et al.，2018；Wu et al.，2019）。为了揭示层状压缩形成机制，本章进一步对热板加热下木材含水率梯度和温度梯度的形成对预热温度及预热时间依存性，木材内部水分迁移方式以及含水率分布和温度分布的变化规律展开研究，并建立木材厚度方向上的含水率和温度预测模型，分析含水率分布和温度分布的可调控性。

6.1 材料与方法

6.1.1 材料

同 3.1.1。

6.1.2 试样制备

将干燥至含水率 10%的弦向板，加工成规格为 500mm（L）×150mm（T），厚度（R）分别为 20mm、25mm、40mm 的试样，横截面用石蜡封端处理后备用。

6.1.3 含水率分布测定

含水率的分层测定和计算采用 2 种方法。

方法 1：含水率测定方法同 3.1.5，计算方法同 3.1.6。

方法 2：采用在厚度方向上分层取样实测的方法，测定木材的分层含水率。测试的木材厚度分别为 20mm、25mm 和 40mm，浸水时间 2h，对浸水后直接预热和放置 18h 后预热的木材，分别在预热时间 0~200s 和 0~600s 的时间范围内测定板材厚度方向的分层含水率。表 6-1 为含水率分布测定用木材初始厚度，以及浸水、放置和预热等试验方案。

表 6-1　含水率分布和温度分布测定试验方案

初始厚度/mm	是否压缩	浸水时间/h	放置时间/h	含水率测定的预热时间节点/s
20	是	2	0	
20	否	2	0	0
25	是	2	0	10
25	否	2	0	120
40	是	2	0	200
40	否	2	0	

续表

初始厚度/mm	是否压缩	浸水时间/h	放置时间/h	含水率测定预热时间节点/s
20	是	2	18	0
20	否	2	18	10
25	是	2	18	120
25	否	2	18	360
40	是	2	18	600
40	否	2	18	

图 6-1 为分层含水率测定的取样方法示意图。按照表 6-1 中含水率测定的试验方案,在室温条件下实施浸水、放置、预热等处理的板材,先从距离板材端头 20mm 处,锯解出轴向长度为 20mm 的木条,再将木条的两端各去掉 25mm,剩余部分为弦向长度 50mm 的木块。在这个木块的厚度方向上,从上表面至下表面,划分为等厚度的 7 层,锯解出分层含水率试样。取样后立即称量各层试样的质量,之后将所有试样干燥至绝干,再次称量试样质量,按照式(6-1)计算木材的分层含水率,绘制木材厚度方向的含水率分布图。

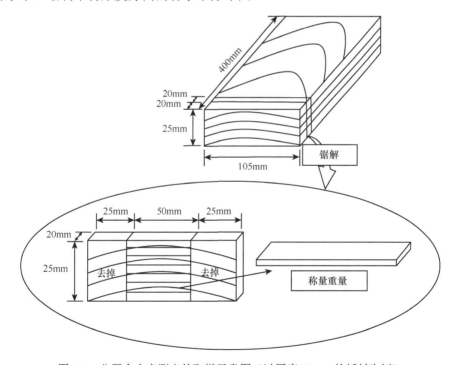

图 6-1 分层含水率测定的取样示意图(以厚度 25mm 的板材为例)

$$MC_i = \frac{m_i - m_0}{m_0} \times 100\% \qquad (6-1)$$

式中，MC_i 代表第 i 层的含水率（i=1，2，…，7）（%）；m_i 代表第 i 层的处理后质量（i=1，2，…，7）（g）；m_0 代表第 i 层的绝干质量（i=1，2，…，7）（g）。

6.1.4 温度分布测定

在木材试样长度方向的中心附近，在径切面上沿厚度方向设置测温点，图 6-2 为温度数据采集点设置方法示意图。测温点分别设置在板材的上下表面、板材厚度的 1/6 处、1/3 处及 1/2 处，共 7 个测温点。各个测温点之间，在长度方向上间隔 15mm。测温点的位置与含水率分布测定试样的取样点相对应。

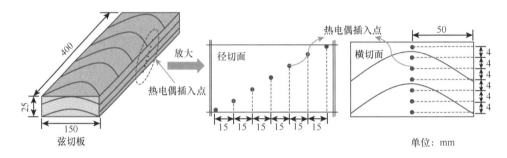

图 6-2 温度数据采集点设置方法示意图（以厚度 25mm 的板材为例）

按照表 6-1 中温度分布测定的试验方案，在室温条件下实施浸水、放置处理结束后，在设置的测温点处，沿宽度方向钻孔，以便插入温度传感器。钻孔深度为 20mm，孔径为 1.5mm，并且与板面保持平行。

使用 NR-1000（日本）多通道温度传感器测定木材的实时温度。测定时，先将直径小于 1.5mm 的热电偶传感器插入孔中，用同一株毛白杨木材的细木粉填塞测温孔，并压实，以确保热电偶埋置牢固，且与木材接触良好。

将放置好温度传感器的木材放置在 180℃热压机的上、下压板间，压机闭合后，开始测定实时温度，测定时间间隔为 2s。

根据实测结果，计算预热时间 10s、40s、80s、120s、240s、360s、480s 和 600s 的时间节点，加热时间区间的升温速率。

6.1.5 含水率预测模型和温度预测模型的构建

根据木材表面高含水率区域以及温度分布随预热时间增加的变化趋势，分别筛选符合含水率分布变化趋势和温度分布变化趋势的模型，拟合函数方程，根据变化趋势的一致性和决定系数确定预测模型方程。以 20mm 厚木材,预热时间 0～600s 的含水率和温度的实测数据,建立木材厚度方向上的含水率预测模型,以及温度预测模型。

利用含水率预测模型和温度预测模型,计算不同预热时间下板材厚度方向含水率分布和温度分布的理论值,绘制理论值的模型图,以表征在木材厚度方向上,含水率和温度随着预热时间延长的变化规律。

6.2　木材内部含水率分布的可控性

含水率和温度是影响木材软化性能的两个重要因素,因此,首先从木材内部含水率分布和温度分布的变化规律入手研究实木层状压缩的形成和可控性。

6.2.1　浸水时间对木材吸水量及水分渗透的影响

图 6-3 为气干木材横截面封端处理后浸水 12h,木材单位面积吸水量随着浸水时间增加的变化规律曲线。随着浸水时间增加木材弦切面和径切面单位面积吸水量迅速增大,浸泡 30min 时达到最大值,浸泡 1h 后吸水量迅速降低至最大吸水量的 30%以下,呈一条平缓降低的曲线。

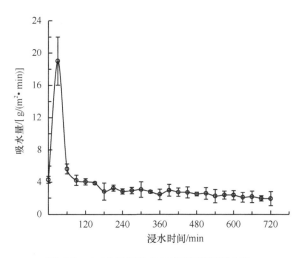

图 6-3　木材表面吸水量的时间序列曲线

在没有加热、加压等外部因素作用的情况下,木材的这种吸水量在 1～2h 后迅速降低的特性以及变化规律(图 6-3),可以使干燥木材表面吸收的水分,在板材表面附近的一定区域内停留几个小时,为木材内部水分分布的分层调控提供了有利的条件。

表层吸收水分的分布状况用浸水及干燥后木材的剖面密度分布进行说明。图6-4 为木材横截面用石蜡封端处理后，常温下浸泡 1～10h，采用剖面密度分析仪测定木材浸水后和干燥后的剖面密度，绘制的板材厚度方向的密度分布图。密度分布曲线图中，浸水木材密度值高于干燥木材的部分，为水分浸入区域或浸水前木材自身含水率引起的密度增加部分。将干燥木材的密度分布曲线平移至与浸水后木材水分未渗入区域重叠，即可从浸水后密度分布曲线与干燥后平移曲线的偏离，直观地看出水分渗入范围和深度。将浸水木材和干燥木材的剖面密度分布曲线，以及干燥后平移曲线放在同一坐标系上，在一定程度上可以实现表层浸水状态和水分分布的可视化。浸水后曲线与干燥平移曲线相交的点距木材表面的距离，即为水分渗透深度。

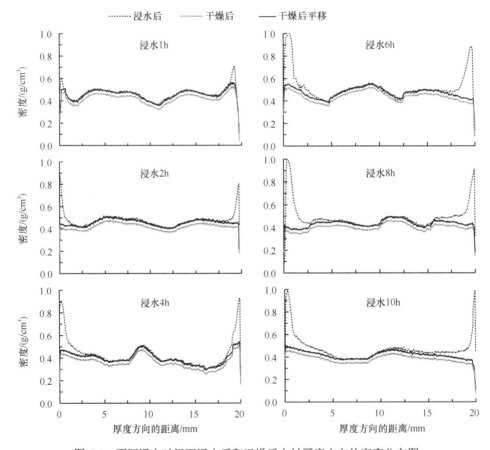

图 6-4　不同浸水时间下浸水后和干燥后木材厚度方向的密度分布图

从图 6-4 中可以看出，随着浸水时间的延长，木材表面因吸收水分，使剖面密度值逐渐增大。浸水 1h 的情况下，板材表面密度从气干材的 0.56g/cm³ 增大至 0.71g/cm³；浸水时间延长至 6h，板材单侧表面密度达到 1.00g/cm³，浸水时间延长至 10h，板材双侧表面密度均达到 1.00g/cm³，此时木材双侧表面吸水均达到饱和状态。

图 6-5 是以图 6-4 中浸水后密度分布曲线与干燥平移曲线交叉点距表面距离为水分渗透深度，并根据浸水时间计算的水分渗透速度的时间序列变化曲线。随着浸水时间的延长，水分渗透深度呈线性增大。木材在常温下浸水 1h，水分渗透深度为 0.74mm，浸水时间延长至 10h，水分渗透深度可以达到 5.58mm。随着浸水时间的增加，单位时间的渗透深度呈现逐渐降低的趋势。浸水 1h 的水分渗透深度为 0.74mm/h，浸水 6h 后，降低至 0.57mm/h，之后随着浸水时间的延长，渗透速度几乎不再变化。

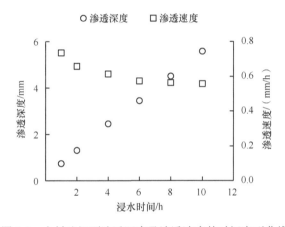

图 6-5　木材弦切面渗透深度及渗透速度的时间序列曲线

无论是针叶材还是阔叶材，纵向的管孔结构都是相互贯通的，而且纵向与横向流通体系孔径相差 15～1000 倍，因此三个断面的水分渗透性差异极其显著，其中木材轴向水分的渗透速度是弦向的5000～50 000倍，是径向渗透速度的100～8000倍（Erickson，1970；Keith and Chauret，1988；高橋徹与中山義雄，1995）。因此，将木材的横截面用石蜡封闭后浸水处理，水分停留在木材表面，在常温下形成表层高含水率区域，内部含水率在数小时内几乎不会发生变化。木材弦径向的这种水分渗透特性，为木材含水率的分层调控，以及木材分层压缩提供了条件。干燥木材的玻璃化转变温度为 150℃，当含水率达到 20% 左右时，木材的玻璃化转变温度降低至 100℃ 以下（Goring，1963；城代進和鮫島一彦，1996）。表层高含水率木材，在100℃ 以下预热压缩，获得了层状压缩木材（Li et al.，2018；Wu et al.，2019）。

6.2.2　木材表层高含水率区域的水分迁移

干燥木材浸水后形成的表层含水率高，内部含水率低的木材，在室温下放置

18h，及其热板夹持下进行加热处理后，木材厚度方向的水分分布曲线，以及采用剖面密度分层计算法（Cai，2008；李贤军等，2010），将厚度方向分为20层计算含水率值，绘制的含水率分布曲线，如图6-6所示。

表面浸水2h的木材，在室温下放置18h后，表面密度大幅度降低，由浸水后未放置的0.80g/cm³降低至0.62g/cm³。此时的密度变化是由木材中水分变化引起的。从浸水曲线与干燥平移曲线间的交叉点位置的变化，可以看出水分渗透深度由1.32mm增加至6.28~7.45mm（图6-6a、b）。此时，从浸水、放置处理后木材的密度分布曲线与干燥平移曲线的间隙及范围的增大，明显可以看到在上下表面由于水分渗入形成的两个高密度区域，也是高含水率区域（图6-6b）。

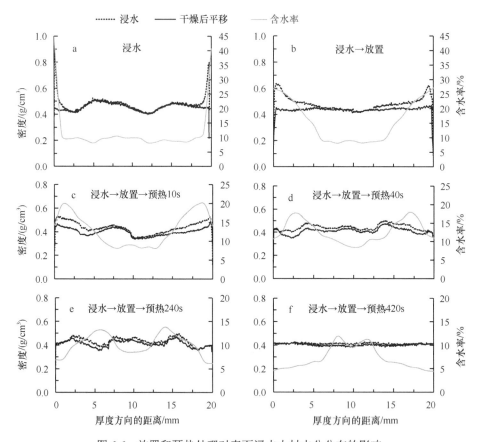

图6-6 放置和预热处理对表面浸水木材水分分布的影响

浸水2h，放置18h的木材，在180℃的热板夹持下加热10s时（图6-6c），表面密度降低至0.52g/cm³，水分渗透深度增加至8.22mm左右，从浸水、放置曲线与干燥平移曲线的间隙，仍然可以清晰地看出高含水率区域的存在。预热时间延长至 40s、240s 时，浸水后放置处理的板材，厚度方向的中心部位密度高于干燥平移曲线，表明水分已经渗透至中心部位。预热时间从 10s 延长至 420s，可以从浸水、放置后预热曲线与干燥平移曲线之间的间隙，看出高含水率区域随着预热时间增加，由表面向中心迁移的状态。

　　干燥木材表面浸水 2h，含水率最大值出现在表层 2mm 内，达到 40% 以上，常温下放置 18h 后，表面含水率最大值降低至 27% 左右，但含水率峰值依然在表面。浸水后放置的木材，经过 10s 预热处理后，含水率最大值向木材内部移动至距表面约 1mm 的位置。表明预热处理对水分迁移的效果比长时间放置更显著。在纤维饱和点以下，木材中水分的移动主要受细胞壁结合水的含水率梯度、细胞腔中的水蒸气压力的影响。水分扩散系数因树种、木材比重的不同而不同，同时受温度和含水率的影响，但对于某一树种，在特定条件下，水分扩散系数是一个常数，为 $10^{-6} \sim 10^{-4} cm^2/s$，因此，表面浸水木材的表层水分，在常温下的迁移速度非常慢，在 180℃ 的热板夹持下加热处理时，由于水蒸气压力的作用，表层水分迅速向木材内部及周围扩散，加速了水分在木材内部的迁移速度（Hunter，1993；高橋徹と中山義雄，1995；俞昌铭，2011）。

　　随着预热时间的增加，浸水、放置木材含水率的峰值逐渐降低（图 6-6），但木材表层浸水后吸收的水分始终是以高含水率区域的形式，由表层逐渐向板材中心迁移。放置后，以及放置后再进行预热处理，随着预热时间的延长，木材表面含水率逐渐降低，当预热时间达到 420s 时，降低至 5% 以下，但中心部位含水率由 10% 左右增大至约 12%，因此，在板材厚度方向上始终存在超过 5% 的较大的含水率差值，从含水率分布曲线上，可以清晰地看出板材厚度方向上高含水率区域由表层向中心迁移的现象。

　　木材作为生物质材料，最重要的特性之一就是具有水分吸附和解吸功能。在相同的温度、湿度条件下，木材存在吸湿滞后现象，也就是说水分吸附过程的平衡含水率低于解吸过程的平衡含水率。但木材的吸附、解吸等温线随着温度的变化而变化，温度越高，吸附和解吸两条等温线越接近（高橋徹と中山義雄，1992；Fredriksson and Thybring，2018）。欧洲云杉和山毛榉木材，以及压缩后的山毛榉木材在温度 75℃ 和 100℃ 的条件下，吸附和解吸曲线都出现了几乎重叠的现象（Weichert，1963），表明温度达到或超过 75℃ 时，吸湿滞后现象消失了。表面浸水、放置处理的木材，在 180℃ 的热板夹持下加热处理后，板材表面温度升高，表层高含水率区域靠近热板一侧首先开始解吸，而靠近中心一侧开始吸附，在高温下吸湿滞后现象消失，吸附和解吸速度接近，因此初始含水率调整后形成的表层高含水率区域，在加热处理过程中始终存在，并且呈现出由表层逐渐向中心移动的特征。

　　采用分层切片实测含水率的方法，对厚度 20mm、25mm 和 40mm 的木材，将浸水、放置以及预热处理后的板材分为 7 层，每层的厚度分别为 2.86mm、3.57mm

和 5.71mm，实测木材的分层含水率，绘制含水率分布图，结果如图 6-7 所示。横截面封端处理的木材，经过浸水、放置处理后，3 种厚度木材的含水率分布均呈表层高、内部低的梯度分布，而且浸水木材经过放置处理后，表层 2.86mm 以内的含水率降低了约 10%，但水分渗透深度由表层增加至 8mm 以上。40mm 厚的木材由于分层检测的切片厚度较大，浸水木材与浸水放置木材分层含水率的差异不明显。

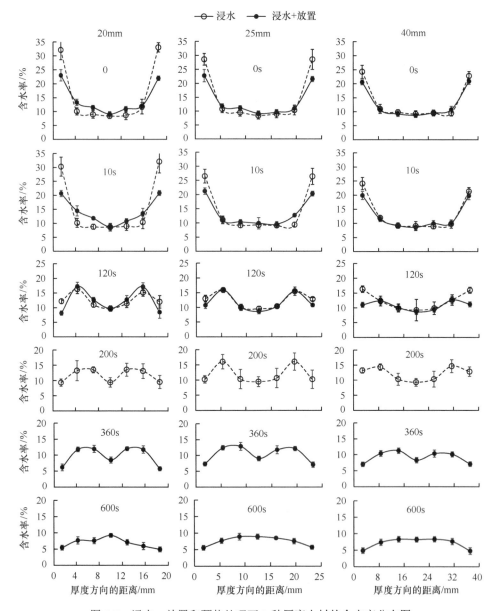

图 6-7　浸水、放置和预热处理下 3 种厚度木材的含水率分布图

经过 10s 的短时间预热处理，浸水木材和浸水、放置木材的表层含水率均降低了 2%左右，但含水率分布特征没有显著变化，依然是浸水木材较浸水放置木材的表层含水率高 10%左右。但预热 120s 或更长时间的情况下，浸水木材与浸水后放置木材的分层含水率差异减小，含水率分布曲线几乎重叠。

从 3 种厚度木材的含水率分布随浸水、放置以及预热时间的变化曲线上，均观察到了高含水率区域的存在，而且随预热时间的延长，高含水率区域距表面的距离增大。高含水率区域出现的位置不受木材厚度的影响。

木材中的水以自由水、吸着水和化合水三种形态存在。物理吸附的吸着水与木材实质之间以范德华力结合，解吸过程要克服的是物理吸附的吸附热（高桥彻と中山義雄，1995；李坚，2014），易于解吸。而化学吸附的化合水与木材实质之间以氢键结合，解吸比较困难，因为它要克服化学吸附的吸附热（俞昌铭，2011）。木材含水率在纤维饱和点以下，高于 5%或 6%的水分，是在单分子层吸着水表面上，由于范德华力作用，水分子层数依次增加成为多分子层吸着水，因此，表层含水率达到 30%左右的表层浸水木材，在预热处理初期，由于加热后水分迅速汽化，在贴近热板一侧发生解吸，而吸附热与热力学中水蒸气汽化潜热相接近（严家騄和王永青，2014），因此在木材靠近中心一侧吸附水分，使高含水率区域由表层逐渐向中心移动。由于木材含水率 5%或 6%以下的水分与木材内部表面以氢键及范德华力结合，形成单分子层吸着水，不易解吸。因此，加热时间超过 240s 后，表层含水率降低至 5%左右，之后的含水率变化非常缓慢（图 6-6e、f）。由于表层水分向中心迁移的同时，也会通过横截面和径切面向大气中蒸发，导致高含水率区域向中心移动的过程中含水率逐渐降低。

6.2.3　含水率分布预测模型的建立

为了直观地表示木材内部高含水率区域由表层向中心移动的特征，采用剖面密度法测定木材的含水率分布，绘制了高含水率区域随着预热时间的增加，由表层至中心移动过程中的含水率变化图，如图 6-8 所示。由于平均含水率、最大含水率和高含水率区域在加热初期的变化远远大于加热后期，为了更详细地显示加热前期含水率的变化，图中的加热时间以对数轴表示。从图 6-8 中可以看出，加热初期，表层高含水率区域内的含水率差值在 7%左右，随着预热时间的增加，高含水率区域由表层向中心移动的同时，最大含水率与平均含水率两条曲线逐渐接近，高含水率区域的含水率值范围也随之逐渐变窄。高含水率区域移动至接近中心部位，距表面 8mm 左右时，最大含水率与平均含水率两条曲线几乎是平行降低的，但此时高含水率区域的平均含水率几乎不再变化，而且高含水率区域内的含水率差值降低至 2%左右，但平均含水率持续降低，因此高含水率区域的含水率与木材整体的平均含水率之间的差值呈现增加的趋势。上述研究表明，加热时间延长至 600s 时，木材表面含水率降低，但中心含水率依然在缓慢增加，因此，在木材厚度方向上始终存在一个相对较高的高含水率区域。

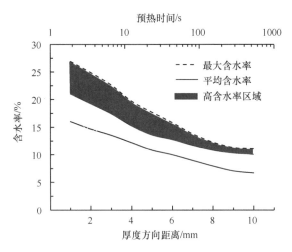

图 6-8　木材内部高含水率区域随着预热时间增加的含水率变化

热板加热下，影响木材水分迁移的因素主要有树种、密度、木材结构特征、蒸汽压力、含水率及温度等。初始含水率达到纤维饱和点或超过纤维饱和点的木材，在热板加热干燥过程中，当加热温度达到沸点温度时，表面水分汽化，并迅速向空气中扩散，在热板加热一侧与木材内部之间形成一个干湿界面。随着加热时间的延长，干湿界面由表层逐渐向中心移动。Tang 以液相水质量守恒和吸湿性多孔材料干燥原理为依据，提出了干湿界面退却理论（Tang，1994），建立了水分迁移的数学模型（俞昌铭，2011）。汪佑宏等（2008）利用干湿界面退却理论，利用 22mm 厚的马尾松饱水木材在 100℃ 的热板上加热过程的含水率变化数据，建立了理论模型，获得了实测值与计算值之间的含水率差值小于 10%。加热过程中木材内部含水率分布逐渐由均匀值过渡为外低内高，中心部位含水率由 90% 以上降低至纤维饱和点需要加热 1h 左右。

本研究中，加热过程中的水分迁移是一个高含水率区域的移动过程。初始含水率分布处于表层高中间低的非均匀状态。加热过程中的水分渗透系数、水分扩散系数等参数均成为变量，不满足 Tang（1994）和俞昌铭（2011）提出的固、气多孔材料水分迁移规律理论模型建立设定参数的要求。但木材内部含水率分布与加热时间等变量间存在规律性依存关系，因此采用多元线性回归分析方法，以厚度 20mm 的表层浸水、放置木材，在不同加热时间下测定的含水率分布数据，建立了多变量间的函数关系模型。由于木材厚度方向的含水率呈对称分布，为了简化方程，建立的多元线性回归方程为从表层至中心的单侧函数方程。模型中，加热时间（x）、距表面的距离（y）为自变量，木材内部含水率（z）为因变量。获得的多元线性回归方程为：

$$z = a + b\ln x + cy + d(\ln x)^2 + ey^2 + fy\ln x + g(\ln x)^3 + hy^3 + iy^2\ln x + jy(\ln x)^2 \quad （6\text{-}2）$$

式中，a=17.756；b=−0.032；c=0.711；d=−0.408；e=−0.511；f=0.422；g=−0.001；h=0.025；i=−0.0004；j=0.0006。

方程的决定系数 R^2=0.856，剔除自变量个数对 R^2 的影响，获得的调整后的决定系数 R^2=0.842，标准误差 FitStdErr=1.71；Fstat=71.75。

从拟合方程中可以看出，加热时间与高含水率区域距表面的距离之间不是简单的线性关系，自变量中的加热时间（x）都是以自然对数的形式出现在方程中，表明高含水率区域的移动速率，在加热前期变化快，后期呈现逐渐减缓的特征。

图 6-9 为拟合方程的三维模型图。从图 6-9 中可以看出，随着加热时间的延长，木材厚度方向的含水率由表层高中间低，逐渐向中间高表层低过渡的变化过程及规律。拟合方程的决定系数达到 0.856，根据自变量的数量调整后，决定系数为 0.842，回归方程的拟合度比较高，拟合方程计算的含水率平均标准误差为1.712%，表明根据这个模型能够较好地预测不同加热时间下木材内部的含水率分布。

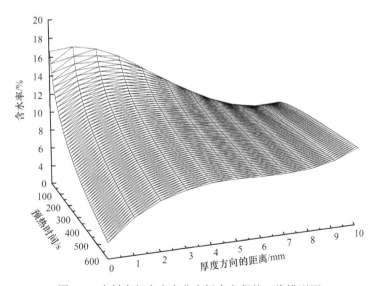

图 6-9　木材内部含水率分布拟合方程的三维模型图

图 6-10 为根据拟合方程计算出的木材内部含水率值绘制的二维坐标和三维坐标下木材含水率分布图，并与实测值的含水率分布图并列表示在图中，以便于两

者之间的比较。从图 6-10 中可以看出，根据模型方程计算结果绘制的图形比实测结果图更有规则，类似于消除了实测值偏差形成的"噪声"。从实测结果的含水率分布曲线与多元线性回归方程计算结果的含水率分布曲线的变化规律看，除边界点外，两者具有高度的一致性。

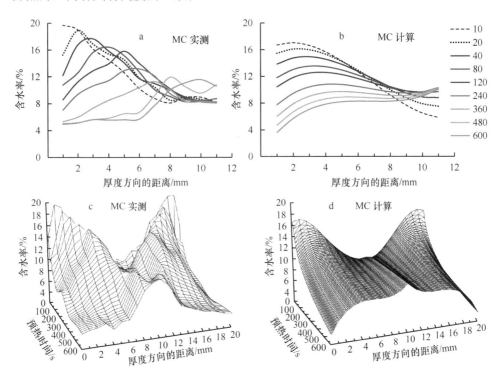

图 6-10　木材内部含水率分布实测结果与计算结果比较（彩图请扫封底二维码）

　　木材含水率是影响木材玻璃化转变温度及木材软化的重要因素之一。木材含水率的增加，会显著降低半纤维素和木质素的软化温度。含水率由 5% 提高至 10% 时，玻璃化转变温度由 120℃ 左右降低至 90℃ 左右（Salmén，1982；Irvine；1984），从含水率达到 20% 开始，软化温度降低到 80℃ 左右，之后增加含水率几乎不会降低木质素的软化温度（Takamura，1968）。

　　本研究中，常温下形成的具有表层高含水率区域的木材，在 180℃ 的热板下加热过程中，高含水率区域对应位置的温度达到 110℃ 以上（高志强，2019），超过了木材的玻璃化转变温度（Salmén，1982；Irvine；1984），高含水率区域的木材始终处于软化状态，因此，在加热过程中的任意时间节点施加外力压缩木材，在控制压缩量的情况下，都会在高含水率区域形成一个高密度的压缩层，其余层面不会被压缩。

6.3　木材内部温度分布的可控性

6.3.1　表面浸水木材热板加热下温度分布的变化规律

温度分布研究，是基于窑干木材表层浸水、放置和预热处理后压缩，可形成层状压缩的思路，将木材在常温下进行初始水分分布调整后，分析热板加热处理过程中木材厚度方向温度分布的变化规律。

图 6-11 为 20mm、25mm 和 40mm 厚的气干材，表面浸水、放置后，在热板加热过程中厚度方向的温度分布及升温速率随时间变化曲线。从图 6-11 中曲线的间距，可以直观地看出随着预热时间延长，厚度方向温度差逐渐减小（图 6-11a、d、i）；升温速率峰值由表层向中心移动的同时逐渐降低。3 种厚度木材，在 180℃的热板上加热时间 600s 时，表面温度均达到 170℃以上，20mm 和 25mm 厚木材的中心温度为 110℃左右，40mm 厚木材的中心温度为 90℃左右。

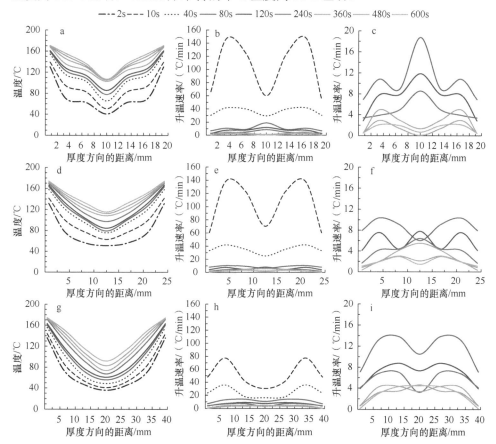

图 6-11　热板加热下表面浸水木材温度分布及升温速率随时间变化曲线（彩图请扫封底二维码）

图 c、f、i 分别为图 b、e、h 中加热 80～600s 阶段升温速率的纵坐标放大图

20mm 和 25mm 厚的木材，在加热初期的 40s 内，可以看出非常明显的厚度方向温度差，从加热时间 80s 开始，曲线间距相近，厚度方向的温度差减小（图6-11a、d）。升温速率最大值出现在预热 10s 时，位置距表层 4～5mm，最大速率接近 140℃/min，预热时间 10～40s，升温速率迅速降低至 40℃/min（图 6-11b、e）。20mm 厚的木材，在预热时间 80s 时，升温速率最大值出现在中心部位，约为 19℃/min（图 6-11c）。25mm 厚的木材，在预热时间 120s 时，升温速率达到最大值，为 8℃/min（图 6-11f），明显滞后于 20mm 厚木材。加热时间 240s 后，随着预热时间的增加，20mm 和 25mm 厚木材，从表层至中心的升温速率均平缓降低。升温速率最大值呈现出的这种变化规律，与含水率峰值的变化规律高度一致（Gao et al.，2018）。

40mm 厚的木材，所有升温时段温度分布曲线的间距比较均匀（图 6-11i），升温速率最大值出现在加热 10～40s，距表层 4～5mm 处，为 77℃/min（图 6-11j），在加热的全过程中，厚度方向的温度差都小于 20mm 和 25mm 厚度木材。在加热480s 时，升温速率的最大值到达厚度方向的中心部位（图 6-11k）。

图 6-12 为热板加热下从表层至中心部位，距离每变化 1mm 的平均温度梯度变化曲线。随着木材厚度的增加，木材内部温度梯度逐渐减小。20mm 和 25mm 厚木材，在加热初期的 80s，厚度方向的温度梯度达到最大值，分别为 8.9℃和 6.7℃；从加热时间 240s 开始，温度梯度分别降低至 6.5℃和 5.8℃，之后温度梯度的变化趋于平缓。40mm 厚木材在加热全过程厚度方向的温度梯度都非常小，为 4.1～5.5℃。上述研究结果表明，木材厚度和加热时间都会影响加热过程中木材内部的温度梯度。

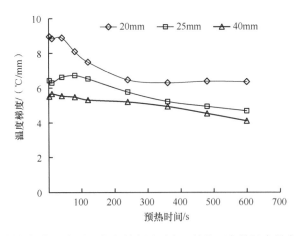

图 6-12　热板加热下表面浸水木材表层至中心单位距离的温度梯度变化曲线

固体多孔材料热板加热时，传热过程包括固体热传导和孔隙间的空气流动。在加热初期的 5～10s，热板加热下空气压力主要在材料的表面，加热时间延长至 20～

40s 时，逐渐表现在板材中心部位，继续延长加热时间至 80s 之后，压力曲线由初始比较陡峭逐渐趋于平缓（俞昌铭，2011）。尽管热板加热多孔材料时，加热初期空气压力大于后期，但 20mm 厚的固体多孔材料，在 200℃下加热 15s，距表层 5mm 处可升高至 40℃左右，升高至 140℃至少需要加热 150s（图 6-13）。表面浸水木材，在 180℃的热板下加热 10s，表层 5mm 处的温度可以升高至 90℃至右（图 6-11a），表层的升温速率和表层至中心的温度梯度都远远大于干燥的固体多孔材料。

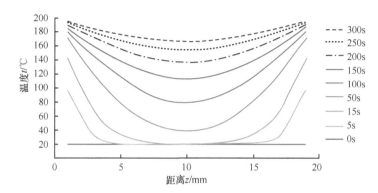

图 6-13　固体多孔材料热板加热下温度分布随时间的变化（俞昌铭，2011）

　　木材属于多孔材料，在热板加热下，传热过程包括木材细胞壁热传导、细胞壁孔隙间的空气流动。木材含水率达到纤维饱和点的木材，热板加热时，芯层的蒸汽压力在加热 5min 后开始明显增加，15min 左右达到最大值（侯俊峰等，2018），提高加热温度，可以增大木材内部的蒸汽压力，缩短压力达到峰值的时间（严家路骒和王永青，2014）。表面浸水的干燥木材加热过程中的气体流动，在加热初期主要是水分汽化后形成的水蒸气和空气混合的湿空气流动。由于木材表层含水率几乎接近纤维饱和点，加热后在高温下汽化形成较高的蒸汽压力，使水分迅速由表层向内部及空气中扩散的同时，也将热量传入木材内部，而且由于木材内部含水率较低，与湿木材相比升温需要的能量少，进一步加快了木材表层一定范围内的升温速率。但加热 40s 后，升温速率迅速降低，这可能是由于随着加热时间的延长，传热介质中水分含量逐渐减少，蒸汽压力也随之减小，降低了木材内部传热速率，形成了表层至中心部位较大的温度差。

6.3.2　温度分布预测模型的建立

　　固体多孔材料在热板夹持下加热，传热主要发生在平板的厚度方向（垂直方向），沿宽度方向（水平方向）是极微弱的。因此，在分析平板瞬态加热问题时，可采用沿厚度方向的一维瞬态传热方程（Siau，1984；Tang，1994；俞昌铭，2011）。

汪佑宏等（2005）以木材初始温度及含水率均匀分布、木材密度一致为前提，研究了马尾松锯材在热压干燥过程中的传热规律，建立了一维非稳态传热模型。结果表明，多数测温点实测值与拟合方程计算值之间的偏差小于 5℃，模型能够较好地反映马尾松锯材在热压干燥过程中的传热规律。

干燥木材表层浸水、放置后进行热板加热，木材厚度方向的初始含水率处于非均匀状态，木材的比热容、导热系数和导温系数具有动态变化的特征，因此，Tang（1994）、汪佑宏等（2005）和俞昌铭（2011）提出的一维非稳态模型的假设条件，对初始含水率外高内低，呈非均匀分布状态的木材不适用。但 3 种厚度的表层浸水、放置木材，加热过程中厚度方向不同位置的升温速率，均呈现加热初期变化剧烈，加热 40s 后变化趋于平缓，不同厚度木材内部温度的变化规律具有共同性，因此，作者采用多元线性回归分析方法，建立木材内部温度分布模型。

图 6-14 为厚度 20mm 的木材，在不同加热时间下测定的温度分布结果建立的三维模型图。由于木材厚度方向的温度呈对称分布，为了简化方程，多元线性回归模型的建立，使用了从表层至中心的单侧数据。模型中，自变量为加热时间（x）和距表面的距离（y），因变量为木材内部的温度（z）。获得的多元线性回归方程为：

$$z = a + b\ln x + cy + d(\ln x)^2 + ey^2 + fy\ln x + g(\ln x)^3 + hy^3 + iy^2\ln x + jy(\ln x)^2 \quad (6\text{-}3)$$

式中，a=116.063；b=7.622；c=−23.129；d=0.237；e=3.749；f=0.599；g=0.0003；h=0.239；i=0.001；j=0.001。

方程的决定系数 R^2=0.986，剔除自变量个数对 R^2 的影响，获得的调整后的决定系数 Adj R^2=0.985，标准误差 FitStdErr=3.21；Fstat=1801.55。

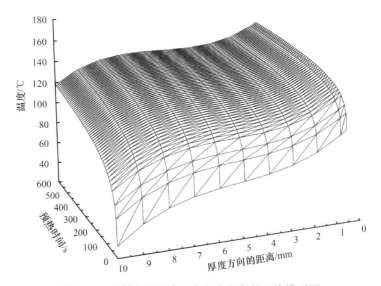

图 6-14　木材内部温度分布拟合方程的三维模型图

从式（6-3）可以看出，不同预热时间下木材厚度方向的温度预测回归方程与含水率预测回归方程（6-2）相近，说明热板加热过程中，随着加热时间的增加，木材内部的温度和含水率都在发生着一定程度的变化，但由于所有变量的系数完全不同，所以预测方程式实际上是不同的。

从拟合方程可以看出，加热时间与温度之间不是简单的线性关系，自变量中的加热时间（x）都是以自然对数的形式出现在方程中的，而且相应常数项都是正值，表明随着加热时间的延长，木材内部温度逐渐升高，在加热前期迅速升高，后期升温速率逐渐减缓。

从图 6-14 可以明显看出，加热初期的 100s 内，网格间距大，说明木材表层及内部温度迅速升高，加热时间超过 100s 之后，随着加热时间的延长，木材内部温度上升速率逐渐降低的过程及规律。拟合方程的决定系数达到 0.986，根据自变量的数量调整后，决定系数为 0.985，回归方程的拟合度非常高，拟合方程计算温度的平均标准误差为 3.21℃。

根据拟合方程计算的木材内部温度，绘制的二维坐标（图 6-15b）和三维坐标（图 6-15d）下木材温度分布图，与实测值的温度分布图（图 6-15a、c）并列表示在图 6-15 中，以便于两者之间的比较。从图 6-15 中可以看出，根据拟合方程计算的温度绘制的温度分布图消除了实测值偏差，比实测结果图更有规则。实测结果

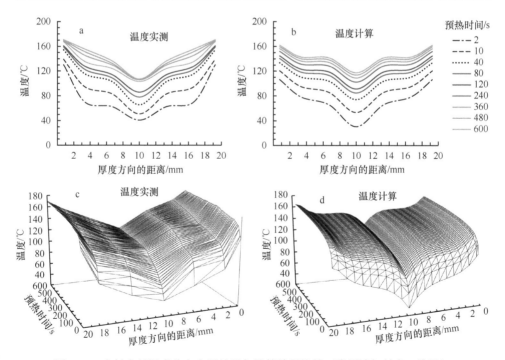

图 6-15　木材内部温度分布实测结果与计算结果比较（彩图请扫封底二维码）

的温度分布曲线与多元线性回归方程计算结果的温度分布曲线，具有高度一致的变化规律，方程的决定系数达到 0.985 以上，表明利用多元回归分析方法建立的温度分布模型，能够比较准确地预测特定加热时间下木材内部的温度分布。

水分的润胀作用和塑化作用会导致木材细胞壁的弹性模量降低，从而降低软化的起始温度。同时，温度的升高增加了木材分子热运动的能量，使分子链间的流动性增加（何曼君等，2007；Placet et al.，2007），降低木材的屈服应力，有利于木材细胞壁的塑性变形。因此，木质素和半纤维素的玻璃化转变、细胞壁刚性降低、塑性显著增加等木材软化行为，是水分和温度协同作用的结果，也是木材压缩技术研究的核心内容。本章以木材层状压缩形成的工艺条件为前提，开展的木材含水率分布和温度分布规律研究，以及预测模型的建立，对木材内部的软化状态和层状压缩形成机制研究有重要价值和意义。

6.4　本　章　小　结

热板加热下木材含水率梯度和温度梯度对预热温度及时间的依存性，是木材内部分层软化及其变化规律研究的基础。本章以毛白杨木材为材料，研究常温浸水、放置处理后形成的表层含水率高、内部含水率低的木材，在 180℃ 的热板加热下，木材内部的水分迁移方式，分析木材内部含水率分布和温度分布的变化规律，并建立了木材厚度方向上的含水率及温度预测模型。主要结论有以下几点。

（1）采用剖面密度法测定木材内部的水分分布时，通过干燥曲线平移法不仅可以实现木材内部水分分布的可视化，而且可以获得木材内部水分渗透深度的测试结果。

（2）表层含水率高、内部含水率低的木材在热板夹持下加热时，加热初期表层高含水率区域开始出现解吸，而内部低含水率区域吸附部分表层解吸的水分，形成了水分由表层向中心迁移的现象。

（3）采用切片法测定木材的分层含水率研究结果表明，从 3 种厚度木材的含水率分布随浸水、放置以及预热时间的变化曲线上，均观察到了高含水率区域的存在，而且随预热时间的延长，高含水率区域距表面的距离增大，高含水率区域出现的位置不受木材厚度的影响。切片法与剖面密度法获得的含水率分布研究结果是一致的。

（4）表面浸水木材，在 180℃ 的热板下加热 10s，表层 5mm 处的温度就可以升高至 90℃ 左右，而干燥状态的固体多孔材料升高至相同的温度需要更长的时间。

同样厚度的干燥状态的固体多孔材料，在 200℃ 下加热 15s，距表层 5mm 处可升高至 40℃ 左右，升高至 140℃ 至少需要加热 150s。

（5）表层浸水木材经过放置处理后，含水率接近纤维饱和点。在高温热板夹持下迅速汽化，形成的蒸汽压力使水分迅速由表层向内部扩散，加快了木材内部的升温速率，是木材内部温度梯度大于固体多孔材料的主要原因。

（6）利用不同加热时间下测定的木材厚度方向的含水率分布及温度分布数据，采用多元线性回归分析方法，分别建立了含水率及温度预测的多变量间的函数关系模型，决定系数分别为 0.842 和 0.985，拟合度很高，特别是温度模型的拟合度达到 98.5%。表明利用多元回归分析方法建立的数学模型，能够比较准确地预测特定加热时间下木材内部的含水率和温度。

综合上述研究分析作者认为，采用热板加热的方式加热表层具有高含水率区域的木材时，在温度分布梯度和含水率分布梯度的作用下，木材内部水分形成外侧解吸、内侧吸附的规律性的变化，使水分以高含水率区域的形式由表层向中心迁移。高含水率区域迁移过程中，区域内的温度始终高于木材的玻璃化转变温度，木材处于软化状态，施加外力时会产生塑性变形，获得仅软化层被压缩的层状密实化木材，其余未被软化的部分依然保持木材固有的细胞壁结构。这种通过初始含水率分布调控和热板加热处理，控制木材内部高含水率区域的移动，使木材内部含水率分布具有可控性，是实木压缩过程中压缩层位置可调控的主要原因之一。

第7章　木材屈服应力的湿热响应与层状压缩形成

木材整体压缩的情况下，一般采用蒸煮方法软化木材。软化处理时需要水和热量从木材表面传递至中心部位，才能达到木材整体软化的要求。这种软化处理通常需要数小时。为了缩短软化处理时间，需要采用高压蒸汽处理（李坚等，2009；Kutnar and Kamke，2012；Laine et al.，2016）。实木层状压缩的情况下，不需要经过蒸煮软化过程，就可以获得压缩层位置和压缩层厚度可控的层状压缩木材（黄荣凤他，2012；Gao et al.，2016，2018，2019；Li et al.，2018；Wu et al.，2019）。层状压缩技术不仅可以简化压缩木材的生产过程，而且可以大幅度降低压缩木生产过程的木材损耗，降低生产成本，是低密度人工林木材高值化利用的一个新方法。

木材主要成分中，纤维素结晶区的软化温度在 240℃左右，远远高于木材压缩所需的软化温度范围，对木材压缩几乎没有影响。木材的软化特性主要取决于纤维素的非结晶区、半纤维素和木质素等基质成分的软化特性及其所占的比例。具有极性的水分子，进入细胞壁后导致高分子聚合物分子链之间氢键结合力减弱，并在微纤丝和基质之间产生体积膨胀（李军，1998；Placet et al.，2012），可作为木材压缩处理过程中的增塑剂（Östberg et al.，1990；Lenth and Kamke，2001）。饱水木材，温度从 20℃升高至 100℃时，屈服应力降低75%（孙丽萍等，1997），半纤维素等木材无定形碳水化合物在室温下就已经软化（Olsson and Salmén，1992）。木材含水率达到纤维饱和点（FSP）时，体积膨胀至最大，含水率继续升高对于屈服应力降低影响不明显。在 50℃条件下，含水率为纤维饱和点的木材屈服应力仅比饱水材高 6%左右（Uhmeier et al.，1998）。但是，当木材含水率低于纤维饱和点时，木质素的软化温度比半纤维素低 20～30℃，而且木质素含水率从0%增加至 10%时，软化温度会降低近 80℃，因此可以认为，木质素的软化点与是否存在水分关系密切。同时木材组分中的木质素含量也是影响木材软化的重要因素（Yokoyama et al.，2000；Furuta et al.，2010）。

湿热处理，特别是在木材温度超过玻璃化转变温度（T_g）时，可以降低木材的弹性（Salmén et al.，2016），使木材软化。此时施加载荷，细胞壁构成分子的分子链间会发生剪切滑移（Hunt，1984；Hanhijärvi，2000），降低木材的屈服应力（Kamke and Kutnar，2010）。木材整体压缩时，需要被压缩木材整体达到或超过木材的玻璃化转变温度，但木材层状压缩时，木材内部的温度和含水率分布处于非均匀状态，而且压缩层的形成与木材内部的湿热分布密切相关（Gao et al.，2018，2019）。但关于屈服应力对于温度和含水率响应规律的研究未见报道。

本章在可形成层状压缩的加热温度以及木材含水率区间范围内（Li et al.，2018；Gao et al.，2018；Wu et al.，2019），研究了木材含水率从绝干至纤维饱和点状态下，木材屈服应力的湿热响应规律，构建了木材屈服应力湿热响应的多元回归模型；基于木材结构的各向异性的特点，分析了横纹压缩时外力加载方向对屈服应力的影响；通过木材内部含水率和温度梯度形成的屈服应力的变化规律分析，揭示木材层状压缩的形成机制，为压缩层位置和压缩层厚度的精准调控提供依据。

7.1　材料与方法

7.1.1　材料及试样制备

试验材料为 107 杨（*Populus*×*euramericana* cv.'Neva'）人工林木材，采自山东冠县。

屈服应力测试用试样的制备方法如图 7-1 所示。将原木（图 7-1a）锯解成 350mm（*L*）×110mm（*T/R*）×40mm（*R/T*）的弦切板/径切板（图 7-1a、b），干燥至含水率 8%后备用。从干燥后的弦切板/径切板上，按照图 7-1b 的锯解方式，截取弦向、弦径向和径向木条，按照图 7-1c 的尺寸 20mm（*L*）×20mm（*T*）×10mm（*R*）、20mm（*L*）×20mm（*R*）×10mm（*T*）、20mm（*L*）×20mm（TR）×10mm（TR），加工成弦向、径向和弦径向试样，分别用于外力加载方向为径向、弦向和弦径向屈服应力测试。

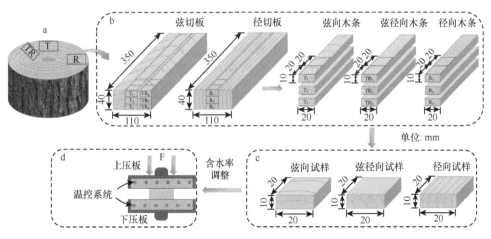

图 7-1　屈服应力测试用试样的制备及测试方法示意图

a. 板材锯解；b. 试样加工；c. 试样尺寸；d. 屈服应力测试

7.1.2 木材含水率和温度条件设定

径向加载屈服应力试验条件设定为，木材含水率 0%、5%、10%、15%、20%、25%、30%，预热温度 60℃、90℃、120℃、150℃、180℃、210℃，共 42 个处理条件；弦向、弦径向加载屈服应力试验条件设定为，木材含水率 10%、20%、30%，预热温度 90℃、120℃、150℃，各 9 个处理条件。每个处理条件的试验均重复 3 次。

7.1.3 试样含水率调整方法

先将图 7-1c 尺寸的试样进行绝干后称重，并测量尺寸，再根据式（7-1）和式（7-2），计算绝干试样达到目标含水率时需要添加的水的质量以及试样总质量。向绝干试样表面滴蒸馏水，至试样质量达到目标含水率时的总质量后，放入塑料密封袋中，在室温下放置 60h，使滴入木材中的水分达到均匀分布状态（Wu and Gao，2022）。

$$M_W = M_0 \times W_T \tag{7-1}$$

$$M_F = M_W + M_0 \tag{7-2}$$

式中，M_0 为试样的绝干质量（g）；W_T 为试样的目标含水率（%）；M_W 为达到目标含水率时，绝干木材试样需要添加的水分质量（g）；M_F 为达到目标含水率时，试样的总质量（g）。

7.1.4 屈服应力的测试和计算

将自制的带有温度控制系统的热压装置安装到万能力学试验机（AG-I/50KN，SHIMADZU Co.，Japan）上，热压装置加热至既定温度后，放入经过含水率调整的屈服应力测试用试样后迅速闭合，预热 60s 后，以 5mm/min 的速度施加载荷，至 40kN 时停止加载。通过力学试验机系统实时观察、测定和记录加载过程的应力-应变数据。

屈服点和屈服应力是根据应力-应变曲线，按照应变补偿法（Ozyhar et al.，2013；Peres et al.，2016），取应变补偿直线与应力-应变曲线的交点作为屈服点，即图 7-2 中的 P_0 点对应的比例极限应变。补偿值取值为 0.2%，根据 P_0 和补偿值计算补偿法的屈服应力值 P_{OFF}。

7.1.5 木材层状压缩方法

同 5.1.3。

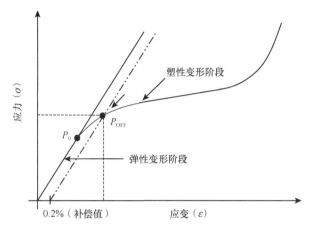

图 7-2　屈服点和屈服应力的确定方法

7.1.6　层状压缩木材内部的温度分布测定

同 6.1.4。

7.1.7　屈服应力的水/湿-热响应模型构建

根据木材屈服应力随木材含水率增加和加热温度升高的变化趋势，筛选符合屈服应力变化趋势的数学模型，拟合函数方程，根据变化趋势的一致性和决定系数确定预测模型方程。

利用屈服应力预测模型，计算不同含水率和加热温度下木材屈服应力的理论值，绘制理论值的模型图，以表征屈服应力对木材含水率和加热温度的响应规律。

7.2　木材屈服应力的水/湿-热响应

7.2.1　木材屈服应力对含水率变化的响应规律

图 7-3 是不同加热温度下木材屈服应力随含水率增加的变化曲线。从曲线形态可以看出，加热温度在 60～210℃范围内，相同处理温度下的木材屈服应力均呈现出随着含水率增加而逐渐降低的规律性变化，但降低程度受温度和含水率的双重影响。无论加热温度在沸点以下的 60℃和 90℃，还是在高于沸点的 120～210℃，木材含水率低于 15%时，随着含水率的增加，屈服应力呈现出接近于直线降低的趋势；木材含水率从 15%增加至 25%时，屈服应力开始缓慢降低；木材含水率从 25%增加至 30%时，屈服应力几乎不再降低。表明木材含水率低于 25%时，

含水率的变化会对屈服应力产生影响，特别是在含水率低于 15% 时，含水率的升高会引起屈服应力的直线下降。Furuta 等（2010）研究表明，木材在全干状态下木质素的软化温度为 150℃左右；当含水率为 20% 时，木质素软化温度降低为 80℃左右。虽然木质素的软化点与水分间关系密切，但从本研究结果看，木质素的软化点与含水率之间并非线性函数关系。

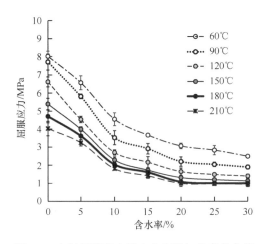

图 7-3　木材屈服应力随含水率增加的变化曲线

尽管不同加热温度下屈服应力随含水率增加而降低的变化规律表现出高度的一致性，但在不同的加热温度区间，加热温度每升高 30℃，对屈服应力绝对值的影响程度差异很大。加热温度在从 60℃增加至 90℃，以及从 90℃增加至 120℃，屈服应力降低 1.0MPa 以上，但加热温度在 120℃以上时，每升高 30℃的屈服应力变化降低至 0.8MPa 以下。从曲线上也可以明显看出以 120℃为界限，曲线间间隔距离的差异，低于 120℃时，曲线间的间距较大，高于 120℃时，曲线间的间距非常小。

根据图 7-3 的数据，计算含水率平均增加 1% 时的木材屈服应力变化量 $\Delta\sigma_{MC}$，结果表示在图 7-4 中。在所有处理温度下，木材含水率低于 15% 时，含水率每增加 1.0%，屈服应力降低 0.16MPa 以上，也就是说木材发生塑性变形所需要的外力降低 1.6kg/cm^2；木材含水率从 15% 增加至 20% 时，屈服应力也会降低 0.1MPa 左右。表明木材含水率变化 1% 的情况下，屈服应力就会发生很大的变化。

7.2.2　木材屈服应力对加热温度变化的响应规律

图 7-5 是不同含水率木材的屈服应力随温度升高的变化曲线。从曲线形态可以看出，木材含水率在绝干至接近纤维饱和点范围内，随着加热温度升高，相同

含水率木材的屈服应力呈逐渐降低的规律性变化，但在不同的温度范围内，降低程度差异很大。加热温度从 60℃升高到 120℃的区间内，屈服应力随着加热温度的升高直线下降，加热温度继续升高至 180℃时，屈服应力下降曲线趋于平缓，下降速度减慢，温度再继续升高至 210℃，屈服应力曲线接近于平行于 X 轴的直线，说明此时温度继续升高，对屈服应力几乎没有影响。由于 90～120℃存在一个沸点温度 100℃，高于这个温度时，热板加热产生的水蒸气压力差加速了水分的迁移和温度的传递（Hunter，1993；Pang，1997；Rofii et al.，2016；Huang et al.，2022），导致高于 120℃的加热温度对屈服应力的影响减小。

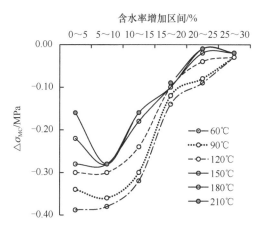

图 7-4　木材含水率平均增加 1%时的屈服应力变化量（$\Delta\sigma_{MC}$）

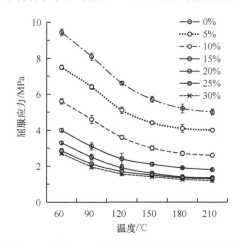

图 7-5　木材屈服应力随温度升高的变化曲线

根据图 7-5 的数据，计算加热温度平均升高 5℃时的木材屈服应力变化量 $\Delta\sigma_{T5}$，结果表示在图 7-6 中。加热温度从 60℃升高至 90℃时，绝干至含水率 30%

的木材，温度每升高 5℃，屈服应力均降低 0.1MPa 以上；加热温度从 90℃升高至 120℃时，温度每升高 5℃，不同含水率木材的屈服应力变化量之间的差异增大，其中含水率小于或等于 20%的木材，屈服应力依然降低了 0.1MPa 以上。加热温度继续升高时，不同含水率木材的屈服应力变化量逐渐减小。表明加热温度每升高 5℃，对降低木材的屈服应力有明显的效果，特别是在含水率低于 20%的情况下，升高温度对降低木材屈服应力的效果更大。

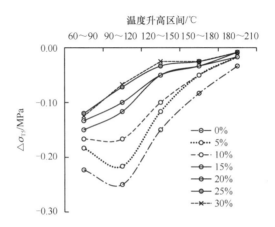

图 7-6 木材温度平均每升高 5℃时的屈服应力变化量（$\Delta\sigma_{T5}$）

采用双因素方差分析方法，分析木材含水率和加热温度对屈服应力的影响，结果表示在表 7-1 中。在 $P<0.01$ 的水平上，木材含水率和加热温度以及两者的交互作用下，F 值远远大于 $F_{0.001}$ 临界值，表明无论是单纯的含水率的增大或加热温度的升高，以及两者的共同变化，对木材屈服应力都有极显著影响。3 次重复样本间的平均误差均方仅为 0.03，为含水率均方的 0.05%，温度均方的 0.15%，含水率和温度交互作用的 5.45%，表明 3 次重复试验测试结果间的差异非常小。

表 7-1 木材含水率和加热温度对屈服应力影响的方差分析结果

差异源	离差平方和	自由度	均方	F 值	P 值	$F_{0.001}$ 临界值
含水率	395.42	6	65.90	1934.71	8.66×10^{-88}	4.18
温度	102.12	5	20.42	599.60	3.99×10^{-64}	4.56
含水率×温度	16.58	30	0.55	16.22	7.45×10^{-24}	2.38
误差	2.86	84	0.03			
总计	516.98	125				

7.3 纹理方向对木材屈服应力的影响

图 7-7 是从不同木材纹理方向横向加载外力，测定、计算获得的纹理方向间

的屈服应力比。加热温度从 90℃升高至 150℃时，含水率 10%的木材，弦向与径向加载的屈服应力比，随着加热温度的升高显著降低，屈服应力比从 1.92 降低至 1.36，降低幅度达到 29.2%；但含水率 20%的木材，弦向与径向加载的屈服应力比，随着加热温度的升高变化明显减小，仅从 1.72 降低至 1.60，降低幅度为 7.0%；木材含水率提高至 30%时，随着温度的升高，弦向与径向的屈服应力比几乎没有明显变化，均接近于 1。表明横纹加载时，弦向加载的屈服应力大于径向加载的屈服应力，而且含水率的提高会降低纹理方向对木材屈服应力的影响，当含水率接近纤维饱和点时，屈服应力几乎不受外力加载方向的影响。

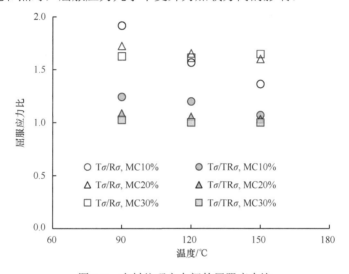

图 7-7　木材纹理方向间的屈服应力比

MC 为木材含水率；Tσ/Rσ 为弦向加载与径向加载的屈服应力比；Tσ/TRσ 为弦向加载与弦径向加载的屈服应力比

弦向与弦径向加载的屈服应力比的变化为 1.24～1.00，这个比值小于弦向与径向加载的结果，按照百分比计算，低 2.4%～39.3%。而且在含水率 20%和 30%时，弦向与弦径向加载的屈服应力比均接近于 1。统计分析结果表明，木材含水率达到或超过 20%，从径向到弦径向的加载方向改变，不会对木材的屈服应力产生显著影响（$P<0.01$）。

综合分析纹理方向对杨木木材屈服应力的影响，以加载方向表示的结果为弦向＞弦径向＞径向。这个结果与孙丽萍等（1997）的研究结果一致。孙丽萍等（1997）认为对于杨木这种阔叶树散孔材，纹理方向的影响主要是由于径向加载时木射线的纵向支撑力的作用。但 Tabarsa 和 Chui（2000，2001）认为，早材、晚材细胞壁厚度和厚壁细胞的比例是决定横纹压缩木材应力-应变关系的主要因素。对于细胞结构相对均匀的针叶材，变形会首先出现在薄弱层的早材细胞，最后是晚材细胞。而对于细胞构成和排列方式复杂的阔叶材，首先被压缩的是薄壁组织和纹孔数量较多的导管细胞，而后是厚壁的纤维细胞。尽管杨木是阔叶树散孔材，基于杨木湿热软化弯曲过程中，早晚材、导管孔隙度、细胞壁厚度对木材弯曲都有较明显影响的研究结果，杨玉山等（2019）认为，加载方向对屈服应力的影响主要来自早材、晚材导管及木纤维细胞壁厚和细胞壁的比例。

7.4 木材屈服应力的水/湿-热响应模型

加热温度在 60～210℃范围内，不仅相同处理温度下的木材屈服应力呈现出随着含水率增加而逐渐降低的规律性变化，而且相同含水率木材屈服应力也呈现出随着加热温度升高而逐渐降低的规律性变化，但降低程度受加热温度区间和含水率区间的双重影响，也就是说屈服应力对木材含水率和加热温度的响应关系并非线性函数。基于屈服应力对木材含水率和加热温度响应关系的实测结果，以木材含水率（x）和加热温度（y）为自变量，屈服应力（z）为因变量，采用多元回归分析方法进行模型筛选，建立了屈服应力与木材含水率和加热温度间的多变量函数关系模型，获得的多元回归方程（7-3）为：

$$z = z_0 + ax + by + cx^2 + dy^2 + fcy \qquad (7\text{-}3)$$

式中，z_0=12.321；a=−0.475；b=−0.059；c=0.007；d=1.192×10^{-4}；f=7.041×10^{-4}。

方程的决定系数 R^2=0.990，剔除自变量个数对 R^2 的影响，获得的调整后的决定系数 Adj R^2=0.988，标准误差 FitStdErr=0.051；Fstat=2132.45。

图 7-8 为实测值和拟合方程的三维模型图。从图 7-8 中可以看出，木材的屈服应力随着含水率的增加以及温度的升高逐渐降低的变化过程及规律。拟合方程的决定系数为 0.988，如果用拟合方程计算屈服应力，平均标准误差仅为 0.051MPa，

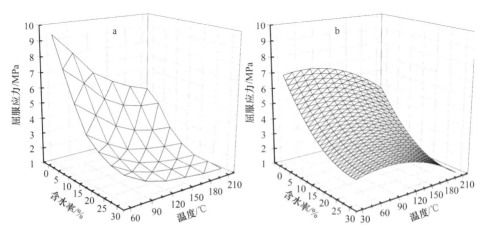

图 7-8 木材屈服应力的水/湿-热响应关系的三维模型图
a. 实测值；b. 计算值

表明根据实测的木材厚度方向的温度和含水率，利用这个模型能够较好地预测木材内部的屈服应力。从计算值与实测值的计算结果看，误差主要出现在边缘，因此，关于边缘计算结果的补正问题，今后还需要进一步研究，以获得更准确的预测结果。

7.5　屈服应力分布对木材层状压缩形成的影响

由于模型计算值存在较大的边缘误差，因此根据图 6-10 和图 6-15 中含水率分布和温度分布的实测结果，以及图 7-3 和图 7-5 中的屈服应力对水/湿-热响应关系，采用含水率增加区间和温度升高区间内平均的方式，计算出表层浸水木材预热后不同时间下厚度方向的屈服应力分布，结果表示在图 7-9a 中，图 7-9a 中的圆点为不同预热时间下，在板材的厚度方向上形成的屈服应力的低值区域。从图 7-9 中可以看出，随着预热时间的延长，木材厚度方向屈服应力的低值区域呈现由表层逐渐向中心部位移动的趋势，这个低值区域与图 6-10 中的高含水率区域出现的位置高度一致。

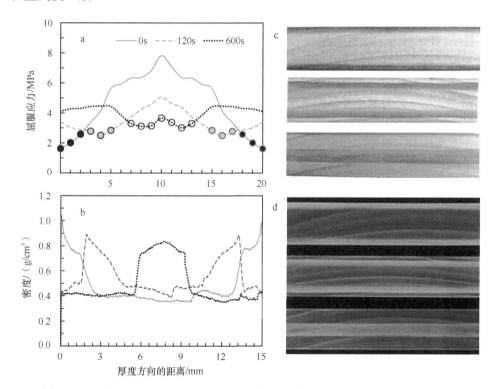

图 7-9　木材屈服应力分布的水/湿-热响应关系的模型图（彩图请扫封底二维码）

a 中的圆点为与压缩层形成位置相对应的屈服应力分布区域；c 中的深色连续条形部位为压缩层；d 中亮度较高的连续条形部位是与 c 相对应的压缩层

图 7-9 中 b、c、d 分别为与图 7-9a 相同的水/湿-热处理条件下处理后，再加载外力压缩后形成的层状压缩木材的密度分布、横截面扫描照片和软 X 射线图像。压缩后形成的压缩密度可以从 0.4g/cm^3 提高至 0.8g/cm^3 以上（图 7-9b）。在横截面扫描照片和软 X 射线图像上也可以清晰地看出压缩层形成的位置（图 7-9 c、d）。不同预热时间下形成的压缩层的位置与屈服应力分布中的低值区域的相对位置是一致的。

为了进一步分析层状压缩形成与木材软化以及屈服应力之间的关系，根据 Takamura（1968）获得的木质素软化温度与含水率关系的研究结果，作者计算了不同加热时间下形成的高含水率区域内含水率值相对应的木材玻璃化转变温度理论值，并与高含水率层区域内木材实测温度进行了比较，结果如表 7-2 所示。从压缩层区域的实测温度与木质素玻璃化转变温度（T_g）的比较结果看，压缩层形成区域内木材温度高于该区域内与木材含水率相对应的玻璃化转变温度至少 6.11℃ 以上。由于含水率低于纤维饱和点的木材，半纤维素的软化温度比木质素的软化温度低 20～30℃（Takamura，1968；Yokoyama et al.，2000；Furuta et al.，2010），说明层状压缩过程是木材中的木质素和半纤维素已经达到湿热软化状态的前提下，在机械力的作用下压缩形成的。不进行预热处理时（预热时间 0s 的处理），仅表层区域的木材达到了软化状态，但预热时间 120s 和 600s 时，在木材厚度方向上屈服应力的分布虽然出现了明显的低值区域，但从表层至中心的屈服应力均低于 5MPa，说明木材整体都处于软化状态。在木材整体已经处于软化状态下对木材实施机械力压缩时，之所以能形成层状压缩，是由于木材厚度方向上屈服应力分布不均匀，形成了屈服应力差，在压缩量的控制下，屈服应力低的区域首先被压缩的结果。

表 7-2　高含水率区域（单侧）的实测温度与玻璃化转变温度比较

加热时间/s	高含水率层实测值							木质素 T_g 理论值*		实测温度与 T_g 差	
	距表面距离/mm		含水率/%		温度/℃						
	表侧	心侧	表侧	心侧	表侧	心侧	差值	表侧	心侧	表侧	心侧
0	0.00	2.50	26.93	21.00	121.46	84.37	37.09	73.88	78.26	47.58	6.11
120	2.75	5.25	14.58	12.73	125.72	120.39	5.32	89.51	95.12	36.20	25.27
600	8.72	10.00	11.57	10.08	132.86	117.43	15.43	99.43	106.10	33.43	11.33

*为根据木质素玻璃化转变温度与含水率之间的函数关系（Takamura，1968）计算的玻璃化转变温度理论值。

图 7-9b 是厚度 20mm 的杨木板材，经水/湿-热处理后，在厚度规的控制下压缩至 15mm，形成的层状压缩木材的密度分布图。在压缩量为 5mm，预热时间为 0s 和 120s 时，会在板材的上下表面或表面附近形成 2 个压缩层，此时压缩层的厚度为 2～3mm；当预热时间增加至 600s 时，在板材厚度方向的中心部位形成 1 个

压缩层,此时压缩层的厚度为 5～6mm,几乎等于预热 0s 和 120s 时形成的 2 个压缩层厚度的合计。毛白杨木材采用水/湿-热处理后实施表层压缩,压缩量从 2mm 增加至 18mm 时,单侧压缩层的厚度可以由 1.47mm 增加至 8.06mm,压缩层区域的最大密度可以达到 1.17g/cm³(Gao et al.,2016)。

7.6　本 章 小 结

本章以杨木为材料,研究了屈服应力的水/湿-热响应规律,采用多元回归分析方法,建立了木材屈服应力对加热温度和木材含水率响应的多变量函数模型;基于木材结构各向异性的特点,分析了横纹压缩时外力加载方向对屈服应力的影响;基于木材内部含水率和温度实测值,计算和分析了木材屈服应力分布及其变化规律,通过屈服应力分布与压缩层形成位置的关系分析,揭示了木材层状压缩的形成机制。主要结论有以下几点。

(1)木材含水率低于纤维饱和点的范围内,处理温度相同时,随着含水率增加,木材的屈服应力呈现逐渐降低的规律性变化,但木材的软化点与含水率之间并非线性函数关系。木材含水率低于 25%的范围内,含水率变化会对屈服应力产生显著影响,特别是在含水率低于 15%时,含水率升高会引起屈服应力的直线下降。

(2)木材含水率在绝干至纤维饱和点的范围内,含水率相同的木材,屈服应力呈现出随着加热温度升高而逐渐降低的规律性变化。沸点温度是一个明显的分界点,低于沸点温度时,随着加热温度的升高,屈服应力直线下降,高于沸点温度时,加热温度的升高对屈服应力的影响减小。木材的软化点与加热温度之间不是线性函数关系。

(3)以加载方向表示的横纹压缩时不同纹理方向的木材屈服应力为弦向>弦径向>径向。弦向与径向以及弦径向加载的屈服应力比,均呈现随着加热温度升高以及含水率增加而逐渐降低的趋势。屈服应力比最大值为 1.92,最小值为 1。当含水率接近纤维饱和点时,屈服应力几乎不受外力加载方向的影响。

(4)采用多元回归分析方法进行模型筛选,建立屈服应力与木材含水率和加热温度间的多变量函数关系模型,方程的决定系数为 0.988,平均标准误差为 0.051,拟合度很高,计算值与实测值的误差主要出现在边缘。

(5)利用湿/水-热处理后木材厚度方向含水率和温度分布的实测值,以及木材屈服应力的湿热响应关系,可以计算出木材的屈服应力。不同湿/水-热处理后,木材的厚度方向上都会形成 1 个或者 2 个屈服应力的低值区域,这个低值区域与相同处理下形成的压缩层位置高度一致。

本章在热板加热下温度分布和含水率分布与层状压缩形成关系研究的基础

上，从温度和含水率对木材屈服应力影响的角度，在可以形成层状压缩的处理条件范围或者区间内，设定木材含水率的间隔为 5%，温度间隔为 30℃，测定了含水率从绝干至纤维饱和点状态的木材，在不同加热温度下的屈服应力。根据屈服应力对木材含水率以及加热温度的响应关系，可以比较准确地预测木材厚度方向的屈服应力分布特征。

在层状压缩过程中，如果不进行预热处理直接压缩木材时，表层区域木材由于含水率高，接触板材和压缩期间短，仅表层达到了软化状态。但预热时间增加至 120s 以上时，从玻璃化转变温度看，木材整体处于软化状态，只是在木材厚度方向上出现了明显的屈服应力低值区域。对于整体已经处于软化状态的木材实施机械力压缩时，在压缩板材的厚度方向上之所以能形成被压缩和完全不压缩层面同时出现的层状压缩，是由于热板加热过程中形成的木材厚度方向上含水率及温度差异，导致木材厚度方向上形成了屈服应力差，在控制压缩量的情况下，仅屈服应力低的区域被压缩，其余部分几乎完全不被压缩。

第8章　层状压缩木材的物理力学性能

　　层状压缩木材是通过水热分布调控、机械力压缩获得的具有疏密相间层状结构的木材。将天然木材加工成层状压缩木材的过程中，经历的软化、加热处理和热压过程，会对木材基本性质产生影响。同时层状压缩木材与天然木材加工的板材相比，结构发生了很大变化。天然木材的结构，是以环形年轮结构为基础的材料，加工成板材后，依然受年轮结构中早材、晚材密度差异大的影响，具有上、下表面结构和密度差异大的特征。但层状压缩木材，是一种上、下表面密度相对均匀，且板材厚度方向结构对称的材料。因此，研究热压过程中温度，以及形成的木材结构对木材力学性能的影响规律是层状压缩技术研究的重要内容。

　　温度能引起木材三大组分，即纤维素、半纤维素和木质素热降解反应，导致木材力学性能发生变化（Kim et al.，1998；Boonstra and Tjeerdsma，2006）。毛白杨木材在温度170~230℃的热处理条件下，抗弯强度（MOR）与抗弯弹性模量（MOE）均随着温度的增加表现出先升高后降低的变化趋势，其中抗弯弹性模量值在170℃时最大，之后随着热处理温度的增加逐渐减小，但温度230℃处理条件下木材的抗弯弹性模量仍高于素材；抗弯强度在处理温度185℃时达到最大值，且高于素材，之后随着温度的增加逐渐减小；毛白杨木材的硬度随着处理温度的增加而增大，215℃时木材硬度值最大，较素材增加10.0%（黄荣凤等，2010）。在一定温度的热作用下，木材细胞壁组分无定形区纤维素分子中的羟基与水分子羟基间的氢键破裂，同时在纤维素分子间形成了新的氢键结合，这使得纤维素聚合度增大，结晶度增加，一定程度上提高了木材的力学性能（Schneider，1971）；随着温度的升高，纤维素热裂解反应加剧，纤维素分子链长度减小，导致纤维素的聚合度和结晶度下降，木材力学性能急剧降低；并且，木材的三大组分中，半纤维素对温度最敏感，而半纤维素在细胞壁中起黏结作用，因此，受热分解后会削弱木材内部的强度，引起木材硬度的降低（Kollmann and Schneider，1963）。可见，木材压缩时选择适宜的温度，对优化压缩木材力学性能具有重要的作用。

　　材料结构或密度分布是引起材料力学性能变化的重要因素。Wong等（1999）研究表明，刨花板平均密度相同的条件下，表层密度大的板材，抗弯弹性模量和抗弯强度显著高于整体密度均匀的板材。这个结果对层状压缩木材力学性能与结构变化之间关系的研究有重要的参考价值。本章在层状压缩形成研究的基础上，分析压缩处理过程中的湿/水-热作用，以及结构的改变对层状压缩木材力学性能的影响。

8.1　材料与方法

8.1.1　试验材料和压缩方法

用于力学性能测试分析的材料采用 4.1 的试验方法制备。图 8-1 为压缩量相同的情况下制备的压缩位置不同的层状压缩木材的实物照片。图 8-2 为预热温度 180℃下制备的表层压缩、中心层压缩和整体压缩木材的横切面照片和软 X 射线图像。

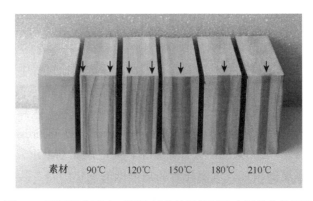

图 8-1　不同预热温度下压缩制备的层状压缩木材的实物照片

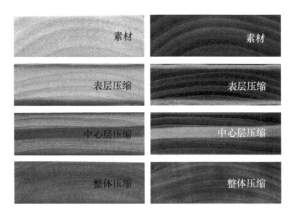

图 8-2　不同压缩方式下制备的压缩木材的横切面照片及软 X 射线图像（彩图请扫封底二维码）

8.1.2　表面硬度与木材硬度的测定方法

木材层状压缩后，由于压缩层位置发生显著变化，因此，选择了压入深度不同的两种方式来测试层状压缩木材的硬度。木材的表面硬度（布氏硬度）测试，采用日本标准 JIS Z 2101—1994，钢球的压入深度 0.32mm；木材硬度测试，参考国家标准 GB/T 1941—2009，钢球的压入深度 2.82mm。

8.1.3　抗弯弹性模量与抗弯强度的测定方法

基于层状压缩木材的结构特征，抗弯弹性模量采用弦向加载和径向加载两种方式测定，如图 8-3 所示。抗弯强度采用弦向加载方式测定。抗弯弹性模量和抗弯强度按照 GB/T 1936.1—2009 和 GB/T 1936.2—2009 规定的方法测定。

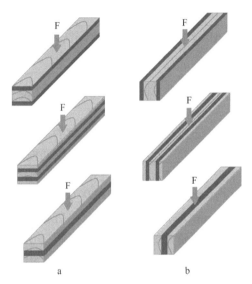

图 8-3　抗弯弹性模量测试的加载方式示意图
a. 径向加载；b. 弦向加载

8.2　层状压缩木材的物理性能

不同预热温度下获得的层状压缩木材的平衡含水率以及钢球压入范围内木材的平均密度如表 8-1 所示。随着预热温度的升高，层状压缩木材的平衡含水率由 12.74%降低至 10.09%，呈逐渐降低的趋势。但表面下 0.32mm 范围内的平均密度，随着预热温度的升高逐渐增大，多重比较结果表明，预热温度在 90～180℃范围内，每升高 30℃引起的密度变化差异显著（$P<0.05$）。180℃与 210℃预热处理间，表面下 0.32mm 范围内的表面密度差异不显著。表面下 2.82mm 范围内，温度每升高 60℃，平均密度显著降低（$P<0.05$）。在压缩量相同的情况下，压缩层距离表面的距离，随着预热温度的升高由表面逐渐移动至木材厚度方向的中心位置，形成了表层压缩、中间层压缩和中心层压缩木材。

表 8-1 层状压缩木材的特征及物理性能

预热温度/℃	平衡含水率/%	压缩层距表面的距离/mm	表面下厚度范围 0.32mm		表面下厚度范围 2.82mm	
			平均密度/（g/cm³）	多重比较	平均密度/（g/cm³）	多重比较
素材	12.74（7.31）	—	0.440	—	0.440	—
90	12.56（1.17）	0.90（0.45）	0.475（5.31）	c	0.619（1.74）	a
120	11.55（4.45）	1.86（3.79）	0.513（2.07）	b	0.562（4.08）	b
150	10.94（1.91）	4.63（4.01）	0.517（1.35）	b	0.547（0.73）	bc
180	10.72（1.53）	6.14（6.63）	0.524（1.22）	ab	0.530（1.70）	c
210	10.09（3.68）	7.43（1.75）	0.544（2.19）	ab	0.540（2.25）	c

注：括号中的值为变异系数（%）。多重比较是在 95%显著性水平下的检验结果。

8.3 层状压缩木材的木材硬度和表面硬度

图 8-4 为不同预热温度下形成的层状压缩木材的木材硬度和表面硬度随预热温度升高的变化曲线及其提高率。尽管在压缩量相同的情况下，随着预热温度的升高，压缩层距表面的距离逐渐增大（表 8-1），但随着预热温度的升高，压缩木材的表面硬度显著增大（$P < 0.001$）。表面硬度从 90℃处理时的 7.19N/mm²，提高到 210℃处理时的 10.86N/mm²，与对照材硬度 6.92N/mm² 相比的提高率，从 3.90% 提高到 56.94%。木材硬度的最大值出现在预热温度 90℃下压缩的板材，达到 27.86N/mm²，与对照材硬度 18.52N/mm² 相比，提高了 50.43%，之后随着预热温度的升高，木材硬度逐渐降低，当预热温度升高至 180℃时达到最低值 21.21N/mm²，

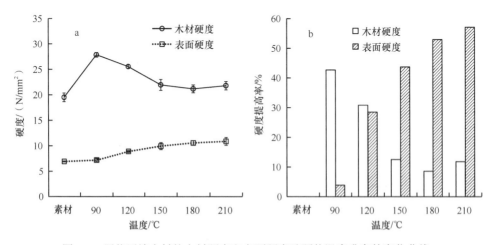

图 8-4 层状压缩木材的木材硬度和表面硬度随预热温度升高的变化曲线

与对照材相比，硬度提高了 14.52%。但预热温度继续升高至 210℃时，木材硬度增大至 21.84N/mm²，与对照材相比，硬度提高了 17.93%。这可能是因为 210℃的高温已经超过了全干木材的软化温度（Furuta et al.，2010），在预热处理时木材表面已经被软化，轻微压缩引起密度增大，使木材硬度和表面硬度增加。

为了进一步分析影响层状压缩木材硬度的因素，建立了钢球压入深度范围内木材密度与硬度之间的函数关系，结果表示在图 8-5 中。木材硬度和表面硬度均随着测定范围内密度的增加逐渐增大，与密度之间呈开口向上的极显著相关的二次函数关系，决定系数分别为 0.97 和 0.88。从这个关系式的变化趋势可以看出，当密度为 0.4～0.5g/cm³ 时，处于二次函数（抛物线）的底部，其变化特征为，随着密度的增加，硬度缓慢增大，当密度大于 0.5g/cm³ 时，密度的增加可以更显著地提高木材的硬度。以上结果表明，由于层状压缩过程中实施了预热处理，因此，压缩后木材的密度和预热温度都会影响木材的表面硬度和木材硬度。

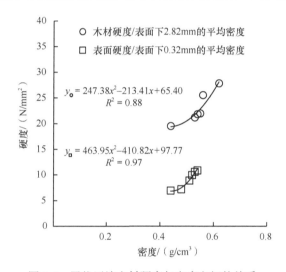

图 8-5　层状压缩木材硬度与密度之间的关系

8.4　层状压缩木材的抗弯弹性模量和抗弯强度

图 8-6 为不同预热温度下形成的层状压缩木材的抗弯弹性模量和抗弯强度随着预热温度升高的变化曲线及其提高率。在压缩量相同的情况下，随着预热温度的升高，层状压缩木材的抗弯弹性模量逐渐增大，从 90℃ 处理时的 11.66GPa，增大至 210℃时的 14.24GPa，与对照材相比，提高了 25.80%。特别是在处理温度由 90℃升至 120℃时，弹性模量的升高极显著，与对照材相比，提高了 18.15%。

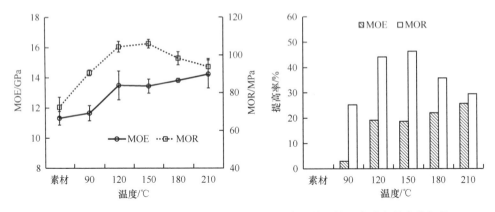

图 8-6　层状压缩木材的抗弯弹性模量和抗弯强度随着预热温度升高的变化规律

在压缩量相同的情况下，随着预热温度的升高，层状压缩木材的抗弯强度表现为先直线增大，之后缓慢增加，再直线减小的变化特征。层状压缩木材抗弯强度的最小值出现在 90℃ 处理，为 90.67MPa，与对照材抗弯强度 72.42MPa 相比，提高了 25.2%，这个提高率与压缩率相等。处理温度为 120℃ 和 150℃ 时，出现抗弯强度高值区域，为 104.38～106.00MPa，与对照相比，提高了 44.13%～46.37%。虽然处理温度超过 150℃ 时，抗弯弹性模量呈现随着温度升高直线降低的特征，但处理温度为 210℃ 时，层状压缩木材的抗弯强度依然达到 93.81MPa，较对照材提高了 29.53%。

木材组分半纤维素对温度最敏感，温度超过 135℃ 后开始降解，温度达到 200℃ 时，木质素甚至纤维素的部分区域也开始变化或者降解（刘一星和赵广杰，2012；Cai et al.，2012），木材化学成分的降解会导致木材力学强度的降低（Boonstra et al.，2007）。因此，预热温度 150℃ 后，层状压缩木材的抗弯强度呈降低趋势，可能是因为高温使木材中的成分发生了降解引起的。但压缩形成的层状木材，强度的提高率较压缩率高 4% 以上，这可能是由于层状结构的形成提高了木材的强度（Wong et al.，1999），同时预热时的热作用对强度的变化也起到一定的作用。

图 8-7 为在相同预热温度及压缩量下，不同压缩位置的压缩木材抗弯弹性模量和抗弯强度变化及其提高率。在压缩量和预热温度相同的情况下，不同压缩层位置的层状压缩木材的抗弯弹性模量和抗弯强度差异极显著（$P<0.01$），表层压缩木材最大，其次是中心层压缩木材，整体压缩木材最小。而且整体压缩的情况下，抗弯弹性模量的提高率与压缩率基本上是一致的，但无论是表层压缩，还是中心层压缩，抗弯弹性模量和抗弯强度的提高率远远高于压缩率。其中表层压缩时的提高率比压缩率高 25% 左右，中心层压缩时的提高率比压缩率高 15% 左右。表明层状结构的形成，对提高木材的抗弯弹性模量和抗弯强度起到了非常重要的作用。

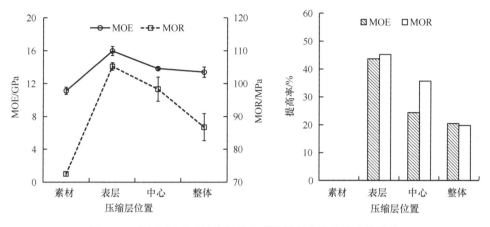

图 8-7　压缩位置对压缩木材抗弯弹性模量和抗弯强度的影响

8.5　外力加载方向对层状压缩木材抗弯弹性模量的影响

基于层状压缩木材的结构特点,在根据国家标准测定抗弯弹性模量的基础上,进一步通过径向加载方式,测定了层状压缩木材抗弯弹性模量。图 8-8 为不同预热温度下形成的层状压缩木材,径向加载和弦向加载测定的抗弯弹性模量的测定结果。径向加载时,抗弯弹性模量最大值出现在预热温度 90℃时,达到 14.75GPa,之后随着预热温度的升高逐渐降低,预热温度超过 180℃时,弹性模量几乎不再降低,形成了与弦向加载完全相反的变化趋势。

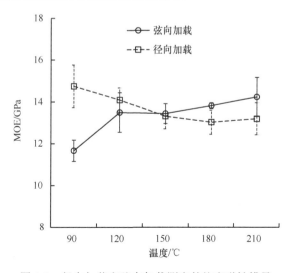

图 8-8　径向加载和弦向加载测定的抗弯弹性模量

木材在静态弯曲时会出现挠度,表现为上部的木材受到顺纹压应力,下部木材受到顺纹拉应力，且应力分布由木材表面至木材中心逐渐减小。因为木材的顺纹抗拉强度较顺纹抗压强度大很多，所以当试样弯曲时，最先在受压区域发生破坏，最后在受拉区域发生破坏，使试样完全折断。但增大受力表面密度有利于提高压缩木材的抗弯性能（王之泰，1984）。本研究中，随着预热温度的升高，形成的压缩层距木材表面距离逐渐增大，从表层压缩逐渐过渡到中心层压缩，因此，在同样的压缩量下，表层压缩木材的抗弯弹性模量最大。

8.6　本　章　小　结

毛白杨木材固定压缩量 5mm，换算成压缩率为 20% 的情况下，在 90～210℃ 的预热温度下处理后压缩，获得了压缩层形成于表层至中间层、中心层的层状压缩木材。本章研究了压缩层形成位置不同引起的木材结构变化，以及预热温度对层状压缩木材物理力学性能的影响。主要结论有以下几点。

（1）随着预热温度的升高，层状压缩木材的平衡含水率逐渐降低。钢球压入范围内木材表面硬度和木材硬度测定时的密度变化表现为，在表面下 0.32mm 范围内的密度，随着预热温度的升高逐渐增大，预热温度每升高 30℃ 引起的密度变化差异显著。表面下 2.82mm 范围内，温度每升高 60℃，平均密度显著降低。

（2）压缩木材的表面硬度，随着预热温度的升高逐渐增大，处理温度 210℃ 时达到最大值，与对照材相比，提高了 56.94%。木材硬度的最大值出现在 90℃ 处理时，较对照材提高了 50.43%。

（3）木材硬度和表面硬度均与钢球压入深度范围内密度之间存在极显著相关的二次函数关系，决定系数分别为 0.97 和 0.88。压缩后木材的密度和预热温度都会影响木材的硬度。

（4）在压缩量相同的情况下，层状压缩木材的抗弯弹性模量随着预热温度的升高逐渐增大，与对照材相比，最大提高率为 25.71%。抗弯强度随着预热温度的升高，呈现出先增加后降低的变化特征。抗弯强度的最大值为 106MPa，出现在处理温度 120～150℃，与对照相比，提高了 46.37%。

（5）压缩量和预热温度相同的层状压缩木材，抗弯弹性模量和抗弯强度因压缩层位置不同存在极显著差异（$P < 0.01$）。表层压缩木材的抗弯弹性模量和抗弯强度最大，其次是中心层压缩木材，整体压缩木材最小。整体压缩木材抗弯弹性模量的提高率与压缩率基本一致。说明层状结构的形成提高了木材的抗弯弹性模量和抗弯强度。

（6）外力加载方向影响层状压缩木材的抗弯弹性模量。径向加载时，抗弯弹性模量最大值出现在预热温度 90℃ 时形成的表层压缩木材，为 14.75GPa。随着预热温度的变化，径向加载测定的抗弯弹性模量呈现与弦向加载完全相反的变化趋势。

第9章 压缩层厚度调控与物理力学性能变化

延长预热时间或提高预热温度都可以形成压缩层的位置由表层向芯层移动的层状压缩木材，实现水热控制下压缩层位置的调控（黄荣凤他，2012；Li et al.，2018；Gao et al.，2018；Wu et al.，2019）。基于压缩木材密度和力学性质对压缩率的高度依存性（Tsunematsu and Yoshihara，2006；Yoshihara and Ohta，2008；Kitamori et al.，2010），针对层状压缩技术的特点，研究压缩层厚度的可调控性，是利用层状压缩理论，在低压缩率下，通过增加压缩层的厚度，实现木材力学性能改善的重要研究内容。

9.1 材料与方法

9.1.1 试验材料

同 3.1.1。

9.1.2 压缩方法

同 2.1.3。试材及压缩工艺的基本参数见表 9-1。

表 9-1 试材及压缩工艺的基本参数

初始厚度/mm	压缩量/mm	压缩率/%	浸水时间/h	预热时间/s
22	2	9	0.5	20
25	5	20	1.0	50
30	10	33	2.5	120
33	13	39	4.0	160
38	18	47	5.5	200

9.1.3 密度分布测定方法

同 2.1.4。

9.1.4 力学性能的测定方法

表面硬度与木材硬度的测定方法同 8.1.2。

抗弯弹性模量与抗弯强度的测定方法同 8.1.3。

9.2　压缩层厚度的可控性

对于厚度为 22mm、25mm、30mm、33mm、38mm 的弦向板，通过浸水及预热时间、压缩方式调控，获得的表层压缩木材的实物照片和软 X 射线图像如图 9-1 所示。左侧图片为压缩木材的实物照片，图中上下表层的深色带状部分即为压缩层。右侧图片为软 X 射线图像，图片中亮度越高，密度越大。随着压缩量的增加，实物照片中深色的带状区域，以及相对应的软 X 射线图像中的高亮度的带状区域加宽，表明压缩层厚度逐渐增大，被压缩部分和未压缩部分的界限清晰。在控制压缩量的前提下，通过水热分布调控，形成了压缩层厚度不同的表层压缩木材。

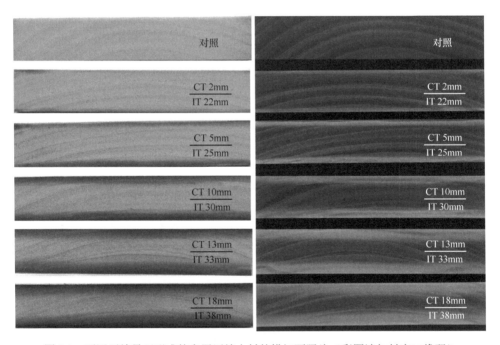

图 9-1　不同压缩量下形成的表层压缩木材的横切面照片（彩图请扫封底二维码）
左图为实物照片，右图为软 X 射线图像；CT 为压缩量，IT 为初始厚度

9.3　表层压缩木材的密度分布

图 9-2 为不同压缩量下形成的表层压缩木材的密度分布图。毛白杨为散孔材，早材、晚材的密度差异小，平均密度为 0.4～0.5g/cm³。层状压缩后，在上下表层

形成的压缩层密度均达到 0.8g/cm³ 以上。压缩量为 2mm 时，在压缩材表层形成一个很窄的压缩层，芯层密度基本没有变化，压缩层和未压缩层间的密度差异比较明显；随着压缩量的增加，压缩层的厚度增大，未压缩层厚度逐渐变窄，压缩层的最大密度逐渐增大，同时压缩层与未压缩层间的界限越来越不明显。压缩量为 18mm 时，压缩木材的最大密度接近 1.17g/cm³。

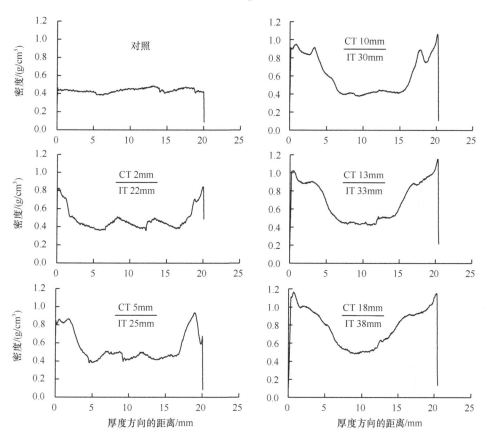

图 9-2　不同压缩量下形成的表层压缩木材的密度分布
CT 为压缩量，IT 为初始厚度

表 9-2 为不同压缩量下形成的表层压缩木材压缩层的密度及其变化率。随着压缩量的增大，压缩层的最大密度和压缩层的平均密度均显著增加，压缩层的平均密度的变化范围为 0.73~0.89g/cm³，与对照材相比增加了 66.8%~101.4%。在压缩量小于或等于 5mm 的情况下，未压缩层的平均密度完全没有变化。压缩量 10mm 及以上时，未压缩层的密度微量增大，但增加率均小于 10%。

表 9-2 不同压缩量下形成的表层压缩木材的密度变化

压缩量/mm	平均密度/（g/cm³）				平均密度提高率/%		
	整体	最大值	压缩层	未压缩层	整体	压缩层	未压缩层
对照	0.44（1.83）	0.49（4.68）	0.44（4.15）	0.44（4.15）	—	—	—
2	0.55（1.22）	0.84（1.85）	0.73（1.72）	0.44（1.99）	24.8	66.8	0.0
5	0.59（0.59）	0.93（1.35）	0.79（1.25）	0.44（2.07）	27.2	79.2	0.0
10	0.63（1.80）	1.06（1.83）	0.82（1.08）	0.46（2.97）	32.4	87.2	4.5
13	0.68（1.33）	1.15（2.06）	0.87（1.35）	0.46（1.88）	38.6	98.3	4.5
18	0.75（1.24）	1.17（0.78）	0.89（1.44）	0.48（0.59）	46.0	101.4	9.1

注：括号中数值为变异系数。

在木材整体压缩下，压缩木材的平均密度随压缩率增大呈指数增加（Kitamori et al., 2010）。为了与整体压缩木材的密度随压缩率增大的变化规律进行对比，建立了表层压缩木材的平均密度和压缩层密度随压缩率增加的函数关系，结果表示在图 9-3 中。压缩木材的平均密度和压缩层密度随压缩率增加均呈指数形式显著增大，拟合的指数函数的决定系数分别为 0.96 和 0.98，密度的变化规律与 Kitamori 等（2010）以日本柳杉为材料实施的整体压缩结果基本一致。但压缩率为 20% 时，表层压缩木材压缩层的密度可以提高近 80%，而日本柳杉木材压缩率达到 50% 以上时，密度增加率在 70% 左右。表明层状压缩在低压缩率下就可以显著提高木材的表面密度。

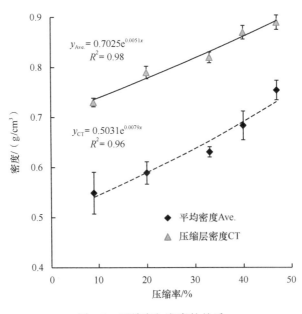

图 9-3 压缩率与密度的关系

9.4　压缩层厚度变化

在实施热板预热、压缩时，板材的上表层和下表层的受热时间、含水率分布及承受的压力等条件，直接影响层状压缩木材的密度分布和压缩层厚度等结构特征，也是影响层状压缩木材力学性能的重要因素。表 9-3 为不同压缩量下形成的表层压缩木材上表层、下表层的压缩层厚度及其平均密度。压缩层厚度随着压缩量增加显著增厚，单面压缩层平均厚度，从压缩量 2mm 时的 1.51mm，至压缩量 18mm 时增加到 7.26mm。F 检验结果，不同压缩量下形成的压缩木材，压缩层厚度存在极显著差异（$P<0.001$）。所有压缩量下，下表层的压缩层厚度大于上表层，但两者之间差异不显著。压缩层平均密度随着压缩量增加逐渐增大，F 检验结果，各压缩量之间存在显著差异（$P<0.05$），但其变化范围明显小于压缩层厚度。

表 9-3　不同压缩量下形成的表层压缩木材的压缩层厚度及其密度

压缩量/mm	压缩率/%	压缩层厚度/mm				平均密度/（g/cm³）		
		上压缩层	下压缩层	合计	平均	上压缩层	下压缩层	平均
2	9	1.47	1.54	3.01	1.51	0.72	0.75	0.73
5	20	2.67	3.04	5.71	2.86	0.80	0.78	0.79
10	33	3.70	5.42	9.12	4.56	0.82	0.82	0.82
13	40	5.17	5.46	10.63	5.32	0.88	0.86	0.87
18	47	6.45	8.06	14.51	7.26	0.86	0.91	0.89

图 9-4 为不同压缩量下形成的表层压缩木材，压缩层、过渡层和未压缩层的厚度在压缩木材总厚度中所占的比例。压缩层和过渡层厚度所占的比例均随着压

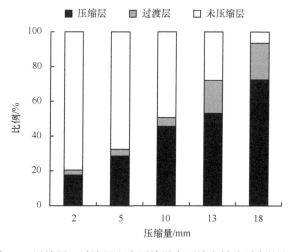

图 9-4　压缩层、过渡层和未压缩层占压缩木材总厚度的比例

缩量的增大而增大，未压缩层的厚度随着压缩量的增大而减小。当压缩量为 10mm 时，压缩层与未压缩层的厚度几乎相等。当压缩量增大到 18mm 时，压缩层厚度占总厚度比例达 70% 以上，但仍有大于 1mm 的未压缩层。

过渡层厚度在压缩量小于 10mm 时，占总厚度比例不超过 5%；当压缩量达到 13mm 时，过渡层厚度明显增大，占总厚度比例接近 20%，当压缩量为 18mm 时，过渡层厚度占总厚度的比例达到 21% 以上。这可能是由于高的压缩量在压缩时需要更长的预热时间，长时间的预热使热量和水分逐渐向内部传递，使木材内部更大的区域被软化，在外力作用下被轻度压缩，形成过渡层，此时只剩中心部位很小的区域处于干燥状态，未被压缩。

9.5 表层压缩木材的力学性质

9.5.1 表面硬度和木材硬度

图 9-5 为表层压缩木材的木材硬度和表面硬度随压缩量增加的变化曲线，及其相对于素材的提高率。在压缩量 2～10mm 时，随着压缩量的增加，表面硬度和木材硬度直线增大，在这个压缩量区间内，木材硬度和表面硬度的增加率从约 20% 和 30% 增大至约 150% 和 160%。压缩量增加至 10mm 以上时，随着压缩量的增加，表面硬度和木材硬度的增大趋于平缓。木材硬度和表面硬度的最大值分别为 51.54N/mm^2 和 19.06N/mm^2，与对照材相比增大了约 164% 和 176%。

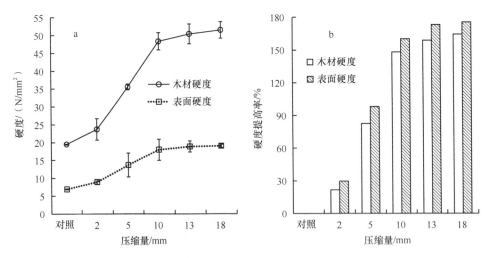

图 9-5　木材硬度和表面硬度随着压缩量增加的变化

9.5.2　抗弯弹性模量和抗弯强度

图9-6为表层压缩木材的抗弯弹性模量和抗弯强度随压缩量增加的变化曲线，及其相对于素材的提高率。随着压缩量的增加，抗弯弹性模量和抗弯强度逐渐增大，其变化趋势与硬度随压缩量增加的变化趋势相近，但抗弯弹性模量和抗弯强度增加率低于木材硬度和表面硬度。压缩量为 18mm 时，抗弯弹性模量和抗弯强度达到最大值，分别为 19.77GPa 和 153.94MPa，与对照材相比增大了约 73%和89%，此时的压缩率为 47%（表 9-3）。

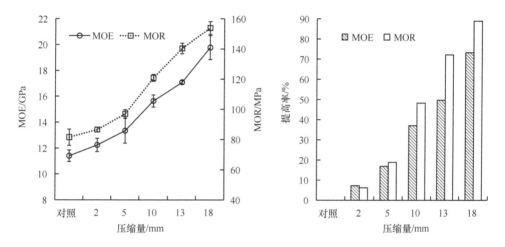

图 9-6　随着压缩量增加抗弯弹性模量和抗弯强度的变化

9.6　本章小结

在控制压缩木材厚度的前提下，通过调整压缩量及工艺参数，使压缩层形成于表层，以获得压缩层厚度不同的表层压缩木材，分析了压缩量增加对压缩层厚度和密度，以及力学性能的影响。主要结论有以下几点。

（1）随着压缩量的增加，压缩层厚度逐渐增大，被压缩部分和未压缩部分的界限清晰可辨。压缩层厚度可以通过压缩量及水分的协调调控进行控制。

（2）压缩层的最大密度和平均密度随着压缩量的增大显著增加，压缩层的最大密度可以达到 $1.00g/cm^3$ 以上，压缩层的平均密度与对照材相比增加了 66.8%～101.4%。将压缩量换算成压缩率，分析压缩木材的平均密度和压缩层密度随压缩率增加的变化趋势，结果表明两者之间的关系为指数函数关系，拟合函数的决定系数分别为 0.96 和 0.98。

（3）压缩层厚度随着压缩量增加显著增厚，压缩层平均厚度，从压缩量 2mm

时的 1.51mm, 至压缩量 18mm 时增加到 7.26mm, 不同压缩量下形成的压缩木材, 压缩层厚度存在极显著差异（$P<0.001$）。当压缩量增大到 18mm 时, 压缩层厚度占压缩木材总厚度的 70% 以上, 此时在厚度方向的中心部位依然存在未压缩层。

（4）压缩量在 2～10mm 的范围内, 表面硬度和木材硬度随着压缩量的增加迅速增大, 但压缩量超过 10mm 时, 表面硬度和木材硬度随压缩量增加的变化趋于平缓。木材硬度和表面硬度的最大值比对照材增大了约 164% 和 176%, 硬度的改善效果极显著。

（5）抗弯弹性模量和抗弯强度随着压缩量增加的变化趋势与硬度非常相近, 但增加率较木材硬度和表面硬度低。压缩率 47% 时抗弯弹性模量和抗弯强度达到最大值 19.77GPa 和 153.94MPa, 比照材提高了 73% 和 89%。

第10章 压缩变形固定

利用木材组分的吸湿、解吸和热软化特性，可以使木材通过吸湿过程软化，在转变为塑性态时压缩密实化，再通过干燥处理转变为弹性态，使塑性变形以干燥变定的形式临时固定。但当木材再次处于湿热环境中时依然会恢复原状。因此，木材组分的吸湿、解吸和热软化特性也是导致木材塑性变形不稳定的主要原因。热处理或饱和蒸汽处理是通过释放木材内部应力，使木材压缩变形永久固定的物理方法（Inoue et al.，1993a，1993b；Dwianto et al.，1997，1998，1999），而且热处理或饱和蒸汽处理方法具有绿色环保、低成本和工艺简单等特点，具有商业化应用优势和前景。

木材湿热软化后，在外力作用下形成的压缩变形具有不稳定性，这种变形在干燥条件下是稳定的，但在湿热条件下几乎完全会恢复到变形前的状态（飯田生穂和则元京，1987；Norimoto，1993）。因此，从压缩变形回复的原因入手，解决压缩变形的永久固定问题，是木材压缩技术研究的切入点，也是木材压缩技术必须解决的关键科学和技术问题之一。

为了使层状压缩形成的塑性变形得到永久固定，获得尺寸稳定的压缩木材，采用常压热处理法和一定蒸汽压力环境下的加压热处理方法，对毛白杨层状压缩木材进行热处理定型，分析热处理温度、蒸汽压力对层状压缩木材压缩变形回复率的影响，以及压缩变形固定方式对压缩木材力学性能的影响。

10.1　材料与方法

10.1.1　材料、压缩试样制备及力学性能测定

材料和压缩试样制备方法同 2.1。

力学性能测试方法同 8.1.2 和 8.1.3。

10.1.2　热处理方法

在常压和 0.1～0.3MPa 压力的过热蒸汽下，对压缩木材进行热处理。热处理温度为 170℃、185℃和 200℃，处理时间 2h。

10.1.3 回复率测定方法

测量木材压缩前和压缩后的厚度，再从压缩后热处理的板材上，分别锯解出规格为 20mm（T）×20mm（L）×木材厚度（R）的试样，分别用于吸湿、吸水和水煮回复率的测定。

1）吸湿回复率测定

将试样绝干后测量试样的质量和厚度，放入温度 40℃、相对湿度 90%的恒温恒湿箱中，每天固定时间测一次质量和尺寸，至木材达到吸湿平衡状态。之后放入（103±2）℃烘箱中烘至绝干，再次测量其质量和厚度。

2）吸水回复率测定

将试样绝干后测量试样的质量和厚度，浸泡在蒸馏水中 48h，在浸水的条件下，使用真空泵持续抽真空 1h，使其达到饱水状态，再在水中浸泡 6h；取出置于室内至气干状态；再放入干燥箱中，先在 60℃下干燥 4h，再在 103℃下干燥至绝干状态，测量其厚度。

3）水煮回复率测定

将试样绝干后测量试样的质量和厚度，将压缩木材试样浸水至饱水状态后，在沸水中水煮 10min，取出置于室内至气干状态；再放入干燥箱中，先在 60℃下干燥 4h，再在 103℃下干燥至绝干状态，测量其厚度。

按照式（10-1）计算压缩木材的回复率，精确至 0.1%。

$$SR = \frac{d_r - d_c}{d_0 - d_c} \times 100\% \tag{10-1}$$

式中，SR 为吸湿（吸水或水煮）回复率（%）；d_0 为压缩前的绝干厚度（mm）；d_c 为压缩木材热处理后的绝干厚度（mm）；d_r 为吸湿（吸水或水煮）后再绝干厚度（mm）。

10.2 热处理方式及温度对表层压缩木材吸湿性的影响

表层压缩后未热处理、常压热处理和 0.3MPa 蒸汽压力下热处理的压缩木材，在温度 40℃、相对湿度 90%的条件下，吸湿处理至尺寸稳定过程的吸湿曲线如图 10-1 所示，图 10-2 为图 10-1 相应的厚度变化率。

所有处理条件下的压缩木材，均在吸湿开始的 2 天内厚度变化比较大，之后的变化趋缓，处理 11 天时，厚度几乎不再变化。

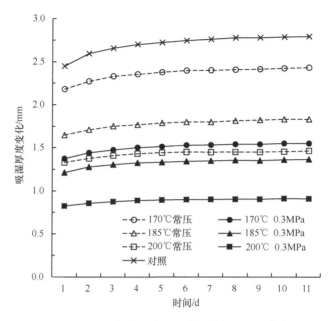

图 10-1　不同热处理条件下表层压缩木材的吸湿厚度变化曲线

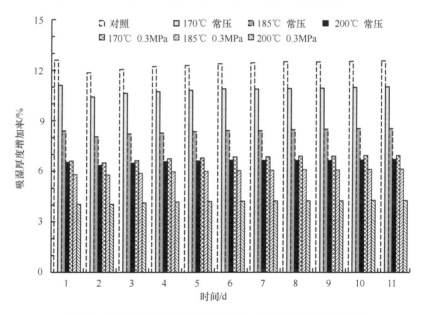

图 10-2　不同热处理条件下表层压缩木材的吸湿厚度增加率

　　无论是常压热处理还是 0.3MPa 蒸汽压力下热处理，压缩木材的吸湿厚度变化，均随着热处理温度的提高而减小（图 10-1）。热处理后压缩木材的吸湿厚度变化率为 4.3%～11.1%，明显小于未热处理的压缩对照材 12.6% 的厚度变化率，而与常压热处理相比，0.3MPa 蒸汽压力下热处理的压缩木材，吸湿厚度变化率显著降低（图 10-2）。采用 F 检验方法，对 0.3MPa 蒸汽压力下热处理、常压热处理和未热处理压缩木材的吸湿厚度变化进行差异显著性检验，结果显示，3 种处理方式间，压缩木材的吸湿厚度变化存在极显著差异（$P < 0.01$）。说明 0.3MPa 蒸汽压力下的热处理，对降低木材吸湿厚度变化有显著效果。

在相同的热处理方式下，随着热处理温度的提高，压缩木材的吸湿厚度变化率降低。在常压热处理下，吸湿后的变化率，170℃时为 11.1%，200℃时降低至 6.7%。在 0.3MPa 蒸汽压力热处理条件下，170℃时为 6.9%，200℃时降低至 4.3%，与压缩对照材相比，降低了 67.4%。常压下 200℃热处理，与 0.3MPa 蒸汽压力下 170℃热处理的吸湿厚度变化率接近，表明在一定温度和压力范围内，升高蒸汽压力和提高处理温度，对降低吸湿厚度变化率有相同的效果。

10.3 热处理方式及温度对表层压缩木材回复率的影响

图 10-3 为未经热处理的压缩对照材、常压热处理和加压热处理的压缩木材，分别进行吸湿、吸水和水煮条件下的压缩变形回复试验结果。与未进行热处理的压缩对照材相比，常压热处理和 0.3MPa 蒸汽压力下热处理，压缩变形回复率明显降低。其中，吸湿回复率最大可以降低 91.86%，吸水回复率最大可以降低 95.24%，水煮回复率最大可以降低 93.20%。

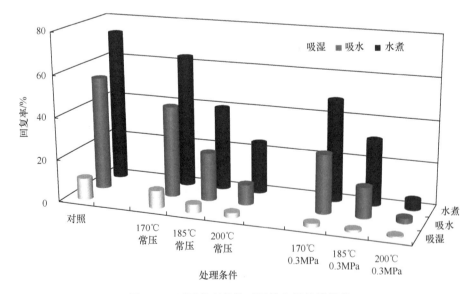

图 10-3　不同处理条件下压缩木材的回复率

压缩木材在常压热处理和 0.3MPa 蒸汽压力热处理下，吸湿、吸水和水煮回复率，均表现为随着热处理温度升高而显著降低。常压下，170～200℃ 的热处理，压缩木材的吸湿和吸水回复率分别由 10.44% 和 54.42% 降低到 2.45% 和 9.69%；0.3MPa 蒸汽压力下，吸湿和吸水回复率分别降低到 0.85% 和 2.59%。水煮回复率从压缩对照材的 73.11%，降低到 0.3MPa 蒸汽压力下 200℃ 热处理时的 4.97%。

采用多重比较方法，综合分析处理温度对压缩变形回复率的影响，结果表示在表 10-1 中。热处理温度每增加 15℃，常压和 0.3MPa 蒸汽压力下热处理，都会对压缩木材的吸湿、吸水和水煮回复率产生显著影响。这是由于热处理温度超过 170℃ 时，木材内部的半纤维素已经开始降解，而且随着处理温度的升高，化学成分降解速度加快，分子链中自由羟基等亲水性基团减少，吸湿性降低；半纤维素分子链断裂和纤维素非结晶区结晶化，也使得木材内部应力减小（Inoue et al.，1993a，1993b；Norimoto，1993），热处理过程中木材组分的物理和化学变化，导致木材压缩时产生的压缩应力松弛，吸湿性降低，是热处理降低回复率的主要原因。

表 10-1　热处理温度对压缩变形回复率影响的多重比较结果

测试条件	处理温度/℃	常压热处理		0.3MPa 蒸汽压力热处理	
		回复率/%	显著性	回复率/%	显著性
吸湿	170	8.57	A	2.09	A
	185	4.24	B	1.34	B
	200	2.45	C	0.85	C
吸水	170	43.52	A	28.02	A
	185	23.10	B	14.70	B
	200	9.69	C	2.59	C
水煮	170	63.70	A	48.52	A
	185	40.03	B	31.40	B
	200	24.62	C	4.97	C

注：多重比较的差异显著性水平为 95%。

表 10-2 为常压和 0.3MPa 蒸汽压力热处理对压缩变形回复率影响的多重比较结果。与常压热处理相比，0.3MPa 蒸汽压力下的热处理对降低压缩木材吸湿、吸水和水煮回复率的效果更显著。热处理过程中增加蒸汽压力，可能会进一步加速热处理过程中木材组分的物理和化学性质变化，因此能够更有效地降低压缩木材的压缩变形回复率。

表 10-2　热处理方式对压缩变形回复率影响的多重比较结果

测试条件	热处理方式	170℃		185℃		200℃		平均	
		回复率/%	显著性	回复率/%	显著性	回复率/%	显著性	回复率/%	显著性
吸湿	对照	10.79	A	10.79	A	10.79	A	10.79	A
	常压	8.57	B	4.24	B	2.45	B	5.09	B
	0.3MPa 蒸汽	2.09	C	1.34	C	0.85	C	1.43	C
吸水	对照	54.64	A	54.64	A	54.64	A	54.64	A
	常压	43.52	B	23.10	B	9.69	B	25.44	B
	0.3MPa 蒸汽	28.02	C	14.70	C	2.59	C	15.1	C
水煮	对照	72.45	A	72.45	A	72.45	A	72.45	A
	常压	63.70	B	40.03	B	24.62	B	42.78	B
	0.3MPa 蒸汽	48.52	C	31.40	C	4.97	C	28.30	C

注：多重比较的差异显著性水平为 95%。

10.4　蒸汽压力和压缩层位置对压缩变形回复率的影响

图 10-4 为表层压缩及中心层压缩木材经不同蒸汽压力热处理后，在吸湿、吸水和水煮条件下的厚度膨胀率变化曲线。随着热处理过程中蒸汽压力的升高，层状压缩木材的吸湿、吸水和水煮条件下的膨胀率均显著降低。当蒸汽压力增加至 0.3MPa 时，经吸湿后干燥，再直接吸水后干燥，以及水煮后干燥的条件下，最终的厚度膨胀率比压缩对照材分别降低了 60.0%、78.5% 和 69.6%。未经热处理的中心层压缩木材，厚度膨胀率大于表层压缩木材，但经过蒸汽压力热处理后，随着蒸汽压力的增大，两者的差异减小，蒸汽压力达到 0.3MPa 时，两者趋于一致。表明无论是压缩层在表层还是在中心层，蒸汽压力的增加都能有效降低压缩木材的厚度膨胀，提高木材的尺寸稳定性。

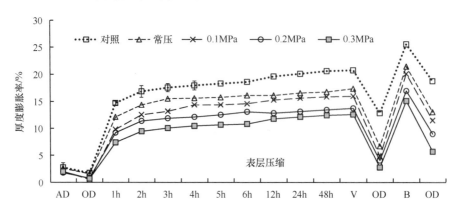

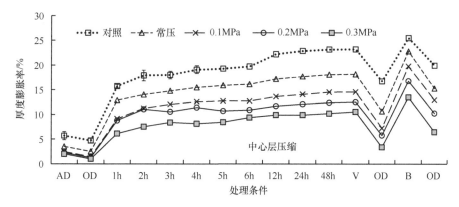

图 10-4　不同蒸汽压力热处理下表层及中心层压缩木材的吸湿/吸水厚度膨胀率变化曲线

OD. 全干；AD. 吸湿；1~48h. 吸水时间；V. 抽真空 1h；B. 水煮 2h

表 10-3 为不同蒸汽压力热处理下表层及中心层压缩木材的吸湿、吸水和水煮回复率。随着热处理过程中蒸汽压力的升高，表层及中心层层状压缩木材的吸湿、吸水和水煮回复率显著降低（$P<0.05$）。当蒸汽压力增加至 0.3MPa 时，表层压缩木材的吸湿、吸水和水煮回复率分别为 2.73%、11.01% 和 23.02%，与对照材相比分别降低了 57.35%、76.64% 和 66.68%；中心层压缩木材的吸湿、吸水和水煮回

表 10-3　不同蒸汽压力热处理下表层及中心层压缩木材的回复率

测试条件	蒸汽压力	表层压缩			中心层压缩		
		回复率/%	回复率降低/%	显著性	回复率/%	回复率降低/%	显著性
吸湿	对照	6.40	—	A	18.36	—	A
	常压热	5.75	10.16	B	9.84	46.41	B
	0.1MPa	4.29	32.97	C	5.98	67.43	C
	0.2MPa	3.29	48.59	C	5.48	70.15	C
	0.3MPa	2.73	57.34	C	5.25	71.41	C
吸水	对照	47.13	—	A	65.38	—	A
	常压热	23.90	49.29	B	42.19	35.47	B
	0.1MPa	20.20	57.14	C	30.52	53.32	C
	0.2MPa	16.42	65.16	C	25.88	60.42	C
	0.3MPa	11.01	76.64	C	18.09	72.33	E
水煮	对照	69.08	—	A	77.78	—	A
	常压热	46.33	32.93	B	60.53	22.18	B
	0.1MPa	43.46	37.09	C	54.40	30.06	C
	0.2MPa	36.19	47.61	C	45.62	41.35	C
	0.3MPa	23.02	66.68	C	34.13	56.12	C

注：多重比较的差异显著性水平为 95%。

复率分别为 5.25%、18.09% 和 34.13%，与对照材相比分别降低了 71.41%、72.33% 和 56.12%。表明蒸汽压力的增加对压缩变形固定有显著效果，特别是对压缩木材吸水回复率的降低作用尤为显著。

　　未经过热蒸汽处理的表层压缩木材的水煮回复率为 69.08%，中心层压缩木材高达 77.78%，经 0.3MPa 的蒸汽压力热处理后，水煮回复率可分别降低至 23.02% 和 34.13%。表明这个处理条件下，可以使 66%～77% 的压缩变形得到永久固定。

10.5　压缩变形固定对力学性能的影响

　　为了研究压缩变形固定采用的热处理方式对层状压缩木材力学性质的影响，作者对压缩量 2～18mm 的表层压缩木材进行了常压热处理和 0.3MPa 蒸汽压力热处理，测定压缩木材的木材硬度、表面硬度、抗弯弹性模量和抗弯强度，并对结果进行了统计学分析。

10.5.1　木材硬度和表面硬度

　　图 10-5 为表层压缩木材的木材硬度和表面硬度随热处理方式及压缩量增加的变化曲线。未压缩的对照材木材硬度和表面硬度分别为 19.49N/mm^2 和 6.92N/mm^2，随着压缩层厚度的增加，木材硬度和表面硬度增大，压缩量达到 18mm 时，增大至 60.65N/mm^2 和 18.17N/mm^2，与未压缩的对照材相比，分别增加了 211.2% 和 162.6%。

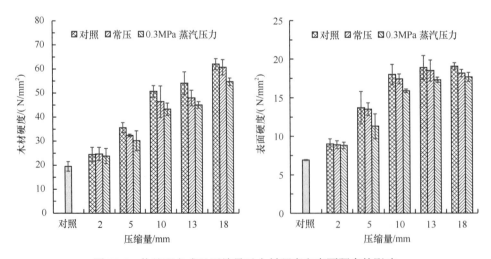

图 10-5　热处理方式及压缩量对木材硬度和表面硬度的影响

　　常压热处理和 0.3MPa 蒸汽压力热处理均会降低木材硬度和表面硬度。常压热处理下，木材硬度最大降低幅度为 11.3%，表面硬度最大降低幅度为 4.7%；0.3MPa 蒸汽压力热处理下，木材硬度最大降低幅度为 16.6%，表面硬度最大降低幅度为 11.7%。统计学分析结果表明，常压和 0.3MPa 蒸汽压力热处理对木材硬度有显著影响（$P<0.05$），但在 5% 的水平下，对表面硬度无显著影响。

虽然热处理会在一定程度上降低木材的硬度，但天然木材层状压缩后，再经过常压热处理或 0.3MPa 蒸汽压力热处理，在吸湿和吸水回复率分别降低 57% 和 71% 以上的情况下，与未压缩的天然木材相比，木材硬度和表面硬度依然可以提高 180% 和 155% 以上。

10.5.2　抗弯弹性模量和抗弯强度

图 10-6 为不同热处理方式下表层压缩木材的抗弯弹性模量和抗弯强度随压缩量增加的变化曲线。未压缩的对照材抗弯弹性模量和抗弯强度分别为 11.32GPa 和 79.85MPa，随着压缩层厚度的增加，抗弯弹性模量和抗弯强度增大，压缩量达到 18mm 时，增大至 22.19GPa 和 139.54MPa，与未压缩的对照材相比，分别增加了 96.0% 和 74.8%。

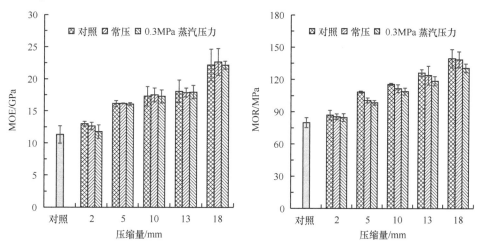

图 10-6　热处理方式和压缩量对抗弯弹性模量和抗弯强度的影响

常压热处理和 0.3MPa 蒸汽压力热处理均会降低木材的抗弯强度，但几乎不会影响抗弯弹性模量。常压热处理下，木材抗弯强度最大降低幅度为 7.3%，0.3MPa 蒸汽压力热处理下，最大降低幅度为 9.3%。统计学分析结果表明，常压和 0.3MPa 蒸汽压力热处理对木材硬度有显著影响（$P<0.05$）。

虽然热处理会在一定程度上降低木材的抗弯强度，与未压缩的天然木材相比，在压缩率 47% 的情况下，经过热处理定型的表层压缩木材，抗弯强度最大可以提高 63.6%。

10.6 本 章 小 结

为了使压缩形成的塑性变形得到永久固定，在常压和 0.1～0.3MPa 蒸汽压力下，对毛白杨层状压缩木材进行热处理，分析热处理温度、蒸汽压力对层状压缩木材压缩变形回复率的影响，以及压缩变形固定对压缩木材力学性能的影响。主要结论有以下几点。

（1）无论是常压热处理还是 0.3MPa 蒸汽压力下热处理，压缩木材的吸湿厚度变化，均随着热处理温度的提高而减小。与常压热处理相比，0.3MPa 蒸汽压力热处理能显著降低压缩木材的吸湿厚度变化率。在一定温度和压力范围内，升高蒸汽压力和提高处理温度，对降低吸湿厚度变化率有相同的效果。

（2）在常压热处理及蒸汽压力热处理下，压缩木材的吸湿、吸水和水煮回复率随着热处理温度升高显著降低，而且 0.3MPa 蒸汽压力下的热处理对降低压缩木材回复率的效果更显著。在 200℃、0.3MPa 蒸汽压力下处理的木材，吸湿、吸水和水煮回复率均降低了 90%以上。

（3）随着热处理过程中蒸汽压力的升高，表层及中心层层状压缩木材的吸湿、吸水和水煮回复率显著降低（$P < 0.05$）。当蒸汽压力增加至 0.3MPa 时，可以使66%～77%的压缩变形得到永久固定。

（4）常压热处理和 0.3MPa 蒸汽压力热处理均会降低木材硬度和表面硬度。常压和 0.3MPa 蒸汽压力热处理对木材硬度有显著影响（$P < 0.05$），但在 5%的水平下，对表面硬度无显著影响。虽然热处理会在一定程度上降低木材的硬度，但天然木材层状压缩后，再经过常压热处理或 0.3MPa 蒸汽压力热处理，与未压缩的天然木材相比，木材硬度和表面硬度依然可以提高 180%和 155%以上。

（5）常压热处理和 0.3MPa 蒸汽压力热处理均会降低木材的抗弯强度，但几乎不会影响抗弯弹性模量。虽然热处理会在一定程度上降低木材的抗弯强度，经过定向处理后的压缩率为 47%的压缩木材，与未压缩的天然木材相比，抗弯强度可以提高 63.6%。

第 11 章　日本柳杉和日本扁柏木材的层状压缩

在前述的研究中，以速生阔叶树散孔材杨木为材料，经过水热分布调控后再实施机械力压缩，实现了压缩层位置和压缩层厚度可控的木材层状压缩（Gao et al.，2016，2018；Li et al.，2018；Wu et al.，2019）。为了进一步探讨层状压缩技术在不同材种上的适用性，本章以速生针叶材日本柳杉和日本扁柏为材料，研究了心材、边材以及压缩量对层状压缩的形成、密度分布特征和表面硬度的影响，分析了早材、晚材密度差异大的日本柳杉木材实施层状压缩的可行性。

11.1　材料与方法

11.1.1　试验材料

试验材料是日本九州产的日本柳杉（*Cryptomeria japonica*）、日本扁柏（*Chamaecyparis obtusa*）弦向板材，干燥至含水率 12%以下。压缩用试验材料的尺寸为 250mm（*L*）×120mm（*T*），日本柳杉的厚度为 30mm 和 26mm，日本扁柏的厚度为 25mm。再从每个试验材料的轴向相邻部位分别截取 5mm 的薄片和 5cm 试材，作为密度和硬度测定的对照材。

11.1.2　压缩方法

同 2.1.3。试材的厚度和压缩量见表 11-1。

表 11-1　试材的厚度和压缩量

试验材料	试材厚度/mm	压缩目标厚/mm	压缩量/mm
日本柳杉心材	26	20	6
	30	20	10
日本柳杉边材	30	24	6
	30	20	10
日本扁柏	25	20	5

11.1.3　密度分布和硬度测定方法

同 2.1.4。

11.2　压缩层位置和厚度的可控性

图 11-1 是日本柳杉和日本扁柏层状压缩板材的横截面照片和软 X 射线图像。照片中深色带状区域以及软 X 射线图像中的亮度高的带状区域为压缩层。日本柳杉心材、边材以及日本扁柏木材压缩量控制在 5mm、6mm 或 10mm 时，通过改变预热时间均可形成距表层距离不同的层状压缩木材，压缩量越大，压缩层厚度越大，压缩层形成的位置不受材种和压缩量的影响。在预热 15s 和 180s 时，分别在板材的上下表层和距离表层 1mm 左右的位置形成了两个压缩层。预热时间增加至 1500s 时，在板材厚度方向的中心部位形成了 1 个压缩层。随着预热时间的增加，压缩层形成的位置呈现出由表面向中心部位移动的趋势。结果表明，日本柳杉心材、边材以及日本扁柏木材经干燥处理后再浸水，经预热处理后压缩，均可形成层状压缩木材。这种通过木材水分分布调节的层状压缩方法，预热时间是调控压缩层形成位置的重要因素。通过预热时间和预热温度调控后压缩杨木，可形成压缩层位置可控的表层压缩、中间层压缩和中心层压缩（Gao et al.，2018；Li et al.，2018）。在相同的预热时间下，杨木的压缩层厚度可通过改变压缩量和浸水时间进行调控（Gao et al.，2016）。对于日本柳杉和日本扁柏，特别是早材、晚材密度差异大的日本柳杉，采用与杨木层状压缩类似的方法，也得到了压缩层位置可调控的表层压缩、中间层压缩和中心层压缩木材。

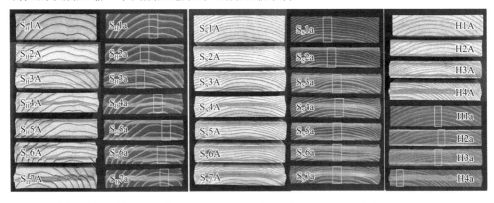

图 11-1　日本柳杉心材、边材以及日本扁柏层状压缩木材的横切面照片和软 X 射线图像（彩图请扫封底二维码）

S_H、S_S、H 分别表示日本柳杉心材、日本柳杉边材和日本扁柏；数字 1 表示对照材，数字 2、3、4 分别表示压缩量 6mm 或者 5mm 的表层压缩、中间层压缩和中心层压缩，数字 5、6、7 分别表示压缩量 10mm 的表层压缩、中间层压缩和中心层压缩；含字母 A 的是照片，含字母 a 的是软 X 射线图像；白色框表示密度分布测量范围

11.3　层状压缩木材的密度分布特征

从压缩后的弦向板的厚度方向，选择径向区域（图 11-1 中框内区域），测定

层状压缩板材的密度分布，结果如图 11-2～图 11-4 所示。未压缩的日本柳杉心材和边材的早材、晚材间密度差很大，超过 0.500g/cm³，而且心材的年轮宽度明显大于边材。实施层状压缩后，仅压缩层部位的早材部分密度明显增大，可以从 0.200g/cm³ 左右提高到与晚材密度接近的 0.700g/cm³ 左右，但晚材几乎不被压缩。而且这种压缩层部位早材密度的增加不受压缩层位置、压缩量、年轮宽度的影响。

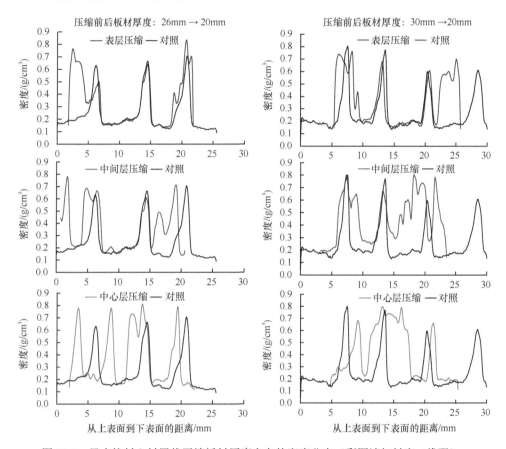

图 11-2　日本柳杉心材层状压缩板材厚度方向的密度分布（彩图请扫封底二维码）

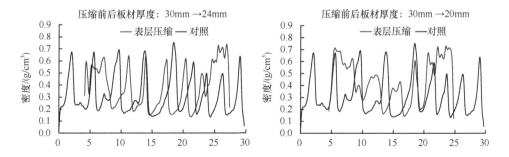

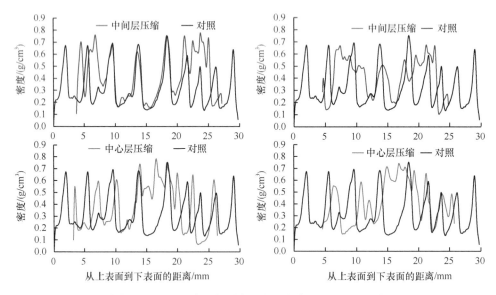

图 11-3　日本柳杉边材层状压缩板材厚度方向的密度分布（彩图请扫封底二维码）

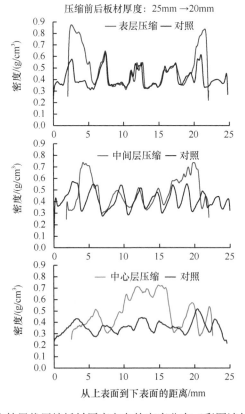

图 11-4　日本扁柏层状压缩板材厚度方向的密度分布（彩图请扫封底二维码）

　　未压缩的日本扁柏平均密度为 0.463g/cm³，早材、晚材间的密度差远远小于日本柳杉，仅为 0.200g/cm³ 左右。实施层状压缩后，压缩层的最大密度可以达到 0.875g/cm³，而且由于早材和晚材同时被压缩，压缩层的密度大于晚材密度。

　　从图 11-2～图 11-4 中层状压缩材与对照材密度分布曲线的重合程度可以看出，日本柳杉和日本扁柏的层状压缩木材，在压缩层部位密度明显增大的情况下，未压缩部位密度分布曲线与对照材密度分布曲线几乎是完全重叠的。表明无论压缩层形成于表面，还是中间层或者中心层，通过水分和加热时间的调整，都能够实现仅对目标位置进行压缩密实化，其余部分保持木材自然状态，完全不被压缩。

　　表 11-2 是将日本柳杉心材、边材以及日本扁柏层状压缩板材的密度分布测定值统计后获得的密度分布特征值。日本柳杉心材和日本扁柏层状压缩板材的最大密度均可以达到 0.800g/cm³ 以上，表层压缩下压缩层的平均密度达到 0.641～0.784g/cm³，这个压缩层的密度值相当于日本柳杉心材整体压缩下压缩率 50%以上时的密度（Kitamori et al.，2010）。虽然压缩前（对照）日本柳杉边材的密度大于心材，但压缩层的最大密度和平均密度低于心材，而且形成的压缩层厚度也较心材大，也就是说被压缩的范围较心材大，这可能是由于在相同的温度、湿度条

表 11-2　层状压缩板材压缩层数量、密度和厚度的特征值

试验材料	压缩层位置	压缩量/mm	压缩层数量/个	压缩层密度/（g/cm³）				压缩层厚度/mm		平均密度/（g/cm³）
				平均值	最大值	下层	上层	下层	上层	
日本柳杉心材	对照	0	—	—	0.801					0.334
	表层		2	0.671	0.836	0.686	0.656	2.91	3.20	0.409
	中间层	6	2	0.659	0.782	0.677	0.641	2.72	3.46	0.416
	中心层		1	0.691	0.811	0.691		6.18		0.408
	表层		2	0.672	0.759	0.716	0.627	4.22	4.38	0.487
	中间层	10	2	0.662	0.803	0.645	0.679	4.52	4.72	0.489
	中心层		1	0.717	0.799	0.717		9.56		0.460
日本柳杉边材	对照	0	—	—	0.753					0.461
	表层		2	0.641	0.739	0.587	0.694	3.12	4.23	0.549
	中间层	6	2	0.659	0.777	0.645	0.672	2.89	3.56	0.590
	中心层		1	0.633	0.784	0.633		7.81		0.559
	表层		2	0.649	0.733	0.615	0.682	4.95	5.60	0.639
	中间层	10	2	0.608	0.675	0.605	0.611	5.24	5.84	0.647
	中心层		1	0.626	0.743	0.626		9.87		0.627
扁柏	对照	0	—	—	0.611					0.481
	表层		2	0.814	0.907	0.849	0.774	2.90	2.13	0.569
	中间层	5	2	0.685	0.739	0.696	0.673	2.61	2.90	0.570
	中心层		1	0.675	0.727	0.675		7.64		0.516

件下日本柳杉心材比边材的吸水强，水分扩散速度快（高橋徹と中山義雄，1995），导致木材被软化的范围扩大引起的。这可能也是导致日本柳杉（无论心材还是边材）下压缩层的厚度均大于上压缩层的原因。对于日本柳杉木材，压缩量的多少不影响压缩层的平均密度。日本扁柏对照材的密度与日本柳杉心材接近，但层状压缩下，日本扁柏压缩层的最大密度和平均密度均大于日本柳杉，这可能与两种树种的年轮结构及渗透性有关。

11.4　层状压缩木材的硬度

表 11-3 表示日本柳杉心材、边材以及日本扁柏的层状压缩板材因压缩量和压缩层位置变化引起的表面硬度的变化。未压缩的日本柳杉心材和边材的表面硬度分别为 43.06N/mm^2 和 81.75N/mm^2，边材密度比心材大接近 1 倍，经 6mm 和 10mm 的表层压缩后，无论是心材还是边材，表面硬度均超过了 100N/mm^2，与对照材相比，提高了 51.43%～234.73%。中间层压缩的情况下，表面硬度超过了 90N/mm^2。但中心层压缩时，表面硬度多数情况下低于 84N/mm^2。表层压缩板材的表面硬度的变化与表 11-2 所示的压缩后板材表层的平均密度变化基本是一致的。压缩层的位置对表面硬度的影响非常显著，而且压缩板材的表面硬度几乎不受木材的初始密度和层状压缩后板材平均密度的影响，但压缩量的增加会增大表层压缩板材的硬度。

表 11-3　压缩量和压缩层位置对层状压缩木材表面硬度的影响

试验材料	压缩层位置	压缩量/mm	压缩率/%	硬度/（N/mm^2）	硬度增加率/%
	对照	0	—	43.06	—
	表层			106.33	146.93
	中间层	6	23.1	102.28	137.53
日本柳杉心材	中心层			74.41	72.81
	表层			118.22	174.55
	中间层	10	33.3	106.00	146.17
	中心层			79.28	84.12
	对照	0		81.75	—
	表层			123.79	51.43
	中间层	6	20.0	91.10	11.44
日本柳杉边材	中心层			83.56	2.68
	表层			273.64	234.73
	中间层	10	33.3	122.87	50.30
	中心层			83.56	2.21

续表

试验材料	压缩层位置	压缩量/mm	压缩率/%	硬度/（N/mm²）	硬度增加率/%
扁柏	对照	0		112.60	—
	表层			227.48	102.02
	中间层	5	20.0	136.78	21.47
	中心层			128.72	14.32

日本扁柏未压缩材的硬度为 112.60N/mm²，远远大于日本柳杉心材和边材，表层压缩 5mm 的情况下，表面硬度就达到了 227.48N/mm²，较对照材提高了 102.02%，但中间层和中心层压缩时，表面硬度的增加不显著。说明日本扁柏层状压缩时，压缩层位置的控制效果更好，中间层和中心层压缩时，表面几乎不被压缩。

对表 11-3 中压缩量 6mm 和 10mm 的日本柳杉心材、边材以及日本扁柏的表层、中间层和中心层压缩材（3 种压缩层位置的压缩材）的硬度测试结果，分别进行 F 检验，结果显示，日本柳杉边材 6mm 压缩的表层、中间层和中心层压缩材之间存在显著差异（$P<0.05$），其余各处理条件下形成的表层、中间层和中心层压缩材之间存在极显著差异（$P<0.01$）。

压缩木材的表面硬度（布氏硬度）与密度之间存在显著相关关系（黄栄鳳他，2012；Rautkari et al.，2014）。由于层状压缩技术可以将需要增强的部位压缩密实化，其余部分几乎不被压缩（黄栄鳳他，2012；Gao et al.，2016，2018；Li et al.，2018；Wu et al.，2019），因此，可以实现低压缩率下硬度的大幅度提高。木材的层状压缩方法中，表层压缩方法可以根据木材的使用需求，将木材表层下特定厚度范围内密度显著提高，这不仅对提高木材表面硬度（布氏硬度）具有非常显著的效果，而且可以节约木材，降低压缩木的制造成本。本研究中，日本柳杉和日本扁柏表层压缩木材，在压缩率 20% 的条件下，表层下 3mm 左右的范围内密度均可以达到 0.641g/cm³ 以上，表面硬度提高至 100N/mm² 以上，而且这种硬度的提高几乎不受压缩前表面硬度的影响。表明这种层状压缩方法在日本柳杉和日本扁柏木材上也基本上实现了压缩密实化位置的可控性，而且可以对压缩木材的硬度等力学性质进行调控。这个结果，对日本柳杉和日本扁柏木材在地板、家具等木制品中的应用非常有价值。

11.5　本章小结

本章以速生针叶材日本柳杉和日本扁柏为材料，研究了树种，心材、边材，早材、晚材差异和压缩量对层状压缩的形成、密度分布特征和表面硬度的影响。

结果表明，对于日本柳杉和日本扁柏，特别是心材、边材吸水性差异大，且同一年轮内早材、晚材密度差异大的日本柳杉，采用干燥后浸水和预热处理后压缩的方法，通过调整浸水时间和压缩工艺，可以实现压缩层位置的任意调控，获得表层压缩、中间层压缩和中心层压缩木材。

压缩层的位置对表面硬度有极显著影响。表层压缩木材的表面硬度最大，中间层和中心层压缩时，表面硬度降低，其变化规律与表面密度的变化规律一致。压缩量增加会增大表层压缩板材的硬度，但木材的初始密度和层状压缩后板材平均密度不会影响压缩木材的表面硬度。对于日本柳杉和日本扁柏木材，采用层状压缩方法，通过浸水时间和预热时间的调整实现了压缩密实化位置的调控，进而可以根据需要对压缩木材的硬度等力学性质进行调控，这一结果说明层状压缩技术在针叶材树种上具有适用性，对扩大日本柳杉和日本扁柏木材的应用范围具有非常重要的意义。

第 12 章　实木地板基材的表层微压缩及定型处理

实木地板加工对木材的硬度要求比较高。要保证成品实木地板达到国家标准中优等品实木地板要求的漆膜硬度≥H[①]（GB/T 15036.1—2018《实木地板 第一部分：技术要求》），实木地板基材的密度要达到 0.60g/cm³ 以上。目前市场上加工实木地板用的多种基材虽然平均密度为 0.60～0.70g/cm³，但由于木材的变异性大，因产地、品种、个体和取材位置的不同，密度差达到 0.20g/cm³ 以上，部分原料因密度低，会导致产品漆膜硬度指标合格率低等问题出现。

针对实木地板加工用材存在的问题，以市场上销售的桦木和番龙眼地板基材为材料，采用层状压缩密实化方法，对地板基材实施 2～3mm 的表层微压缩，在基材的上下表层各形成一个 1mm 以上的密实化层，再通过过热蒸汽加压热处理方法，进行压缩变形固定，以提高地板基材的表层密度，改善木材的尺寸稳定性，为提升利用低密度木材制备实木地板的品质，提供有效的工艺和方法。

12.1　材料与方法

12.1.1　试验材料

番龙眼（*Pometia* spp.）和桦木（*Betula* spp.）实木地板基材从市场购买。每个树种的地板基材随机选择 15 块，测定密度和含水率后，按图 12-1 的方式锯解为 3 组材料：①对照材；②不压缩的蒸汽压力处理材；③表层微压缩+蒸汽压力处理材。用材料③进行表层微压缩后，先截取轴向长度 50mm，作为对照材，之后再进行过热蒸汽处理。

另外随机选择 15 块地板基材，实施表层微压缩和蒸汽压力处理后加工成地板，用于地板尺寸稳定性检测。

试验材料规格及表层微压缩处理参数见表 12-1。

12.1.2　试验方法

压缩及表征方法同 2.1。

---

① H 指的是铅笔法测定的漆膜硬度。

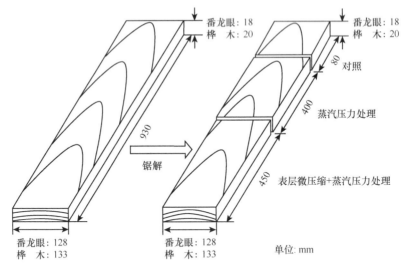

图 12-1　试验材料锯解示意图

表 12-1　试验材料规格及表层微压缩处理参数

树种	尺寸/mm			密度/（g/cm³）			含水率/%	微压缩目标厚度/mm
	长	宽	厚	最小值	最大值	平均值		
番龙眼	930	128	18	0.524	0.762	0.656	11.30	16
桦木	930	133	20	0.511	0.697	0.616	12.97	18

表层微压缩木材的压缩变形固定，采用过热蒸汽条件下的加压热处理方法，处理条件为 0.3MPa 蒸汽压力下，热处理温度 180℃，处理时间 2h。

尺寸稳定性测试方法：按照国标 GB/T 35913—2018《地采暖用实木地板技术要求》，进行耐热和耐湿尺寸稳定性试验测试，并增加了厚度变化的测试。

12.2　表层微压缩地板基材的密度分布

表层微压缩后的番龙眼和桦木地板基材厚度方向的密度分布如图 12-2 所示。由于市售的番龙眼和桦木地板基材都存在密度差异比较大的问题（表 12-1），因此，选择试验材料时，区分低密度、中密度、高密度三种类型，分别进行压缩和密度分布测试，结果表示在图 12-2 中。

表层微压缩处理后，在番龙眼和桦木地板基材的上下表层，均形成了厚度约 2mm 的压缩层，而中间部分几乎没有被压缩。表明本试验设定的条件下，表层压缩范围控制的精准程度，达到了前述的杨木、日本柳杉和日本扁柏的压缩层位置调控程度和水平。桦木的实际压缩量约 3mm，这个差异可能与 2 种木材的吸湿性不同引起的木材屈服应力差异有关。因为在同样的吸水条件下，桦木的吸水量是番龙眼的 3.5 倍。

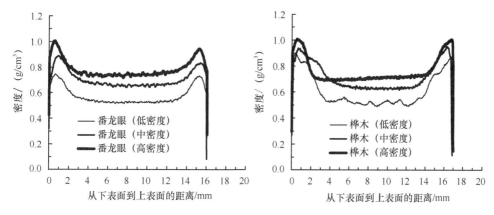

图 12-2　表层微压缩番龙眼和桦木的密度分布

压缩前地板基材的密度对表层微压缩木材的压缩层密度有显著影响。从低密度、中密度、高密度的地板基材压缩后，密度分布曲线依然呈现出平行分布状态的特征可以看出，压缩层密度的差异与基材密度的差异具有一致性。

表 12-2 为表层微压缩番龙眼和桦木的密度分布特征值。低密度的番龙眼和桦木木材经表层微压缩后，压缩层平均密度分别达到 0.685g/cm³ 和 0.829g/cm³，与未压缩部分的平均密度相比，番龙眼木材压缩层的峰值密度和平均密度分别提高了 0.219g/cm³ 和 0.156g/cm³ 以上；桦木分别提高了 0.383g/cm³ 和 0.310g/cm³，2 种地板基材均达到了实木地板加工对木材密度的要求。中密度和高密度的木材，压缩层密度的提高值与低密度木材基本一致。在初始密度相同的情况下，桦木压缩层的最大密度和平均密度均高于番龙眼。

表 12-2　表层微压缩番龙眼和桦木的密度分布特征值

树种	密度分类	未压缩层密度/（g/cm³）	压缩层密度/（g/cm³）		
		平均值	密度峰值	表层 2mm 范围平均值	
				下压缩层	上压缩层	上下平均
番龙眼	低	0.529	0.748	0.690	0.680	0.685
	中	0.662	0.889	0.827	0.791	0.809
	高	0.743	1.006	0.912	0.880	0.896
桦木	低	0.519	0.902	0.835	0.823	0.829
	中	0.635	0.952	0.888	0.874	0.881
	高	0.709	1.009	0.935	0.930	0.933

12.3 表层微压缩地板基材及地板的尺寸稳定性

对照材、加压热处理木材、表层微压缩+加压热处理的联合处理材及其地板成品，共 4 种试样的耐热、耐湿尺寸稳定性测试结果如图 12-3 所示。未经处理的番龙眼和桦木地板基材，耐热及耐湿长度变化率均满足国家标准 GB/T 35913—2018《地采暖用实木地板技术要求》的限值要求。但宽度方向的耐热和耐湿长度变化率均大于国家标准的限值要求。

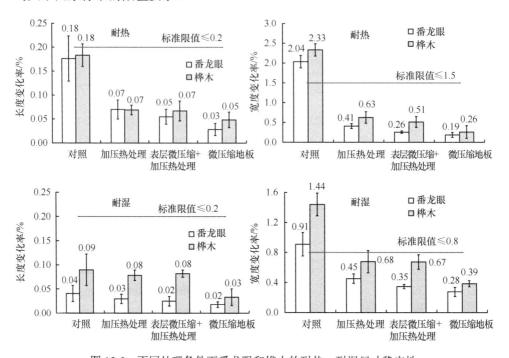

图 12-3 不同处理条件下番龙眼和桦木的耐热、耐湿尺寸稳定性

番龙眼和桦木地板基材直接进行加压热处理后，在耐热试验条件下的宽度变化率分别比对照材降低了 80% 和 73%，比国标限值分别低 65% 和 58%；在耐湿试验条件下，宽度变化率分别较对照材降低了 51% 和 53%，比国标限值分别低 35% 和 12%。

表层微压缩+加压热处理的联合处理材，耐热和耐湿长度及宽度变化率，与单一加压热处理相比进一步降低，两者之间在 5% 的水平上均存在差异。

联合处理基材加工成地板成品后，在耐热条件下，长度变化率较基材分别降低了 40.0%和 28.6%，宽度变化率分别降低了 19%和 29%；在耐湿条件下，长度变化率分别降低了 28%和 60%，宽度变化率分别降低了 21%和 43%。

2 个树种间比较结果表明，番龙眼素材的尺寸稳定性高于桦木，在同样的工艺条件下处理后，仍然是番龙眼的尺寸稳定性更高。

综上分析认为，过热蒸汽条件下的加压处理，显著提高了两种地板基材的尺寸稳定性，处理后的地板基材均能达到国标（GB/T 35913—2018）的要求；表层微压缩+加压热处理的联合处理，能够进一步提高地板基材和地板的尺寸稳定性，加工成实木地板后，耐热和耐湿尺寸变化率均比国标（GB/T 35913—2018）的限值低 50%以上。

12.4　表层微压缩地板基材的回复率及厚度变化

表层微压缩材和表层微压缩+加压热处理的联合处理材，在温度 40℃、相对湿度 90%条件下，测定的吸湿回复率及回复量结果如表 12-3 所示。表层微压缩番龙眼和桦木地板基材经过热蒸汽加压热处理后，吸湿回复率显著降低至 1.74%和 4.27%。与压缩对照材相比，经过热蒸汽加压热处理定型后，番龙眼木材的吸湿回复率降低了约 90%，桦木降低了约 81%。定型处理后，番龙眼的吸湿回复率与同等工艺条件下处理的杨木基本一致（高志强等，2017），但桦木的吸湿回复率比杨木高 1.4 倍。表明即使经过定型处理，木材本身的性能依然会对材料尺寸稳定性有较大影响。

表 12-3　加压热处理对表层微压缩地板基材吸湿回复率和回复量的影响

材种	处理条件	吸湿回复率/%	回复率降低/%	回复量/mm
番龙眼	表层微压缩	17.67（1.72）	—	0.37（0.06）
	表层微压缩+加压热处理	1.74（0.18）	90.15	0.04（0.01）
桦木	微压缩	22.16（2.54）	—	0.66（0.08）
	微压缩+加压热处理	4.27（0.26）	80.73	0.13（0.01）

注：括号中数值为标准偏差。

由于本研究实施的是表层微压缩，压缩量仅 2～3mm，将吸湿回复率换算成回复量，番龙眼基材经过热蒸汽加压热处理后，压缩变形回复量仅 0.04mm，桦木为 0.13mm。表明过热蒸汽加压热处理可显著降低番龙眼和桦木压缩变形的回复率和回复量，采用这种方式固定压缩变形，效果显著。

表 12-4 为经过加压热处理和表层微压缩+加压热处理的联合处理材，在耐热和吸湿条件下的含水率变化及厚度变化。与压缩对照材相比，加压热处理使地板基材在耐热和耐湿试验条件下的含水率分别降低 53%和 33%以上。两个树种地板基材的耐热厚度变化率，均以对照材最高，单一加压热处理与表层微压缩+加压热处理间无显著差异；耐湿厚度变化率，单一加压热处理条件下最低，表层微压缩+加压热处理的联合处理材，厚度变化率为 1.22%～1.84%，但这个吸湿条件下的厚度膨胀，干燥后有 80%～90%能够消失（表 12-3）。从树种看，番龙眼木材的耐热和耐湿厚度变化率均低于桦木。

表 12-4　表层微压缩及加压热处理对地板基材含水率及厚度变化的影响

处理条件	含水率变化量/%				厚度变化率/%			
	耐热		耐湿		耐热		耐湿	
	番龙眼	桦木	番龙眼	桦木	番龙眼	桦木	番龙眼	桦木
对照	−8.57	−8.65	4.64	5.34	1.83	2.08	1.51	1.38
加压热处理	−3.75	−4.10	2.71	3.32	0.56	0.79	0.70	0.85
微压缩+加压热处理	−2.64	−3.62	2.65	3.58	0.46	0.87	1.22	1.83

12.5　本 章 小 结

针对实木地板加工用材存在原材料密度差异大、部分地板基材达不到产品加工要求的问题，以市场上销售的桦木和番龙眼地板基材为材料，采用层状压缩密实化的方法，对地板基材实施 2～3mm 的表层微压缩，以提高地板基材的表层密度，再通过过热蒸汽加压热处理方法进行压缩变形固定，在提高地板基材表层密度的基础上，改善木材的尺寸稳定性。主要结论有以下几点。

（1）番龙眼和桦木地板基材微压缩后，表层形成厚度约 2mm 的压缩层。初始密度值低、中、高的基材微压缩后，表层以外的密度分布曲线依然呈平行分布状态，而且压缩层密度的差异与基材密度差异一致，说明表层微压缩时内部完全不被压缩。

（2）低密度分区的番龙眼和桦木木材，表层微压缩后的压缩层平均密度分别为 $0.685g/cm^3$ 和 $0.823g/cm^3$，达到了实木地板的要求。中密度和高密度的木材，与低密度木材压缩层密度的提高值基本一致。初始密度相同时，桦木压缩层的最大密度和平均密度高于番龙眼。

（3）未压缩的番龙眼和桦木地板基材，加压热处理后的耐热宽度变化率分别比对照材降低了 80%和 73%。表层微压缩后再实施加压热处理，进一步提高了地板基材及地板成品的尺寸稳定性。加工成实木地板成品的耐热和耐湿尺寸变化率均比国家标准值低 50%以上。

（4）经过热蒸汽加压热处理后的表层微压缩番龙眼和桦木地板基材，吸湿回复率降低至 1.74%和 4.27%，与压缩对照材相比，分别降低了 90%和 81%，换算成回复量，番龙眼为 0.04mm，桦木为 0.13mm。

（5）表层微压缩与加压热处理的联合处理，使地板基材的吸湿厚度变化率降低为 1.22%～1.84%。

参 考 文 献

渡边治人. 1984. 木材应用基础. 张勤丽, 等译. 上海: 上海科学技术出版社.

高志强, 张耀明, 吴忠其, 等. 2017. 加压热处理对表层压缩杨木变形回弹率的影响. 木材工业, 31(2): 24-28.

高志强. 2019. 木材层状压缩可控性机理及其变形固定研究. 北京: 中国林业科学研究院博士学位论文.

何曼君, 张红东, 陈维孝, 等. 2007. 高分子物理. 上海: 复旦大学出版社.

侯俊峰, 伊松林, 周永东, 等. 2018. 热压干燥过程中热压板温度对杨木水分状态的影响, 北京林业大学学报, 40(6): 111-116.

黄荣凤, 高志强, 吕建雄. 2018. 木材湿热软化压缩技术及其机制研究进展. 林业科学, 54(1): 154-161.

黄荣凤, 黄琼涛, 黄彦慧, 等. 2019. 表层微压缩和加压热处理实木地板基材的剖面密度分布和尺寸稳定性. 木材工业, 33(2): 6-10.

黄荣凤, 吕建雄, 曹永建. 2010. 热处理对毛白杨木材物理力学性能的影响. 木材工业, 24(4): 5-8.

李坚, 等. 2009. 木材科学研究. 北京: 科学出版社: 234-237.

李坚, 吴玉章, 马岩, 等. 2011. 功能性木材. 北京: 科学出版社: 136-198.

李坚. 2014. 木材科学. 北京: 科学出版社: 162-163.

李军. 1998. 浅析实木弯曲的弯曲机理及影响因素. 林业科技开发, (6): 16-18.

李梁, 李贤军, 张璧光. 2009. 非稳态法测定马尾松扩散系数. 干燥技术与设备, 7(1): 79-83.

李贤军, 蔡智勇, 傅峰. 2010. 干燥过程中木材内部含水率检测的 X 射线扫描方法. 林业科学, 46(2): 122-127.

李延军, 李梁, 张璧光. 2007. 非稳态法测定杉木板材的水分扩散系数. 浙江林学院学报, 24(2): 121-124.

刘君良, 江泽慧, 许忠允, 等. 2002. 人工林软质木材表面密实化新技术. 木材工业, 16(1): 20-22.

刘一星, 赵广杰. 2012. 木质资源材料学. 北京: 中国林业出版社: 103-142.

孙丽萍, 崔永志, 刘一星. 1997. 木材横纹压缩过程中径向、弦向加载差异性分析. 林业科技, 22(3): 38-41.

孙照斌. 2006. 竹材热压干燥过程中的水分扩散. 木材工业, 20(5): 27-29.

田民波. 2015. 材料学概论. 北京: 清华大学出版社.

涂登云, 杜超, 周桥芳, 等. 2012. 表层压缩技术在杨木实木地板生产中的应用. 木材工业, 27(4): 46-48.

汪佑宏, 顾炼百, 刘启明, 等. 2008. 马尾松锯材在热压干燥过程中的传质数学模型. 南京林业大学学报(自然科学版), 32(2): 71-75.

汪佑宏, 顾炼百, 王传贵, 等. 2005. 马尾松锯材在热压干燥过程中的传热规律. 南京林业大学学报(自然科学版), 29(4): 33-36.

王承鹤. 1994. 塑料摩擦学. 北京: 机械工业出版社.

王艳伟, 黄荣凤, 张耀明. 2012. 水热控制下杨木的表面表层压缩密实化及其固定技术. 木材工业, 26(2): 18-21.

王之泰. 1984. 非金属材料学. 北京: 物资出版社.

夏捷, 黄荣凤, 吕建雄, 等. 2013. 水热预处理对毛白杨木材压缩层形成的影响. 木材工业, 27(4): 42-45.

严家騄, 王永青. 2014. 工程热力学. 北京: 中国电力出版社: 181-182.

杨玉山, 沈华杰, 王宪, 等. 2019. 人工林速生杨木材水热压弯缺陷的微观构造研究. 世界林业, 28(2): 46-52.

俞昌铭. 2011. 多孔材料传热传质及其数值分析. 北京: 清华大学出版社: 294-343.

長谷川良一, 児玉順一. 2007. 軟質木材の高度利用研究(第2報)ロール圧密による表層圧密木材の製造, 平成 18 年度岐阜県生活技術研究所研究報告: 9: 50-57.

長谷川良一, 児玉順一. 2008. 軟質木材の高度利用研究(第3報)ロール圧密による表層圧密木材の実用化, 平成 19 年度岐阜県生活技術研究所研究報告, 10: 35-42.

城代進, 鮫島一彦. 1996. 化学. 大津: 海青社: 116-118.

児玉順一, 山本泰司, 長谷川良一, 他. 2010. 表層圧密木材製造の開発(2)表層圧密木材の性能評価, www.vinita.co.jp/news/2004/0827/image/2004_hyousou. pdf.2010-05-20.

飯田生穂, 則元京. 1987. 圧縮セットの回復. 木材学会誌, 33(12): 929-933.

高村憲男. 1968. ファイバーボードの熱圧乾固に関する研究(第3報)ファイバーマットの熱圧による主成分の塑性化. 木材学会誌, 14(2): 75-79.

高橋徹, 中山義雄. 1995. 物理. 大津: 海青社: 33-37.

古田裕三, 今西祐志, 小原光博, 他. 2000. 膨潤状態における木材の熱軟化特性(第7報)リグニンの影響. 木材学会誌, 46(2): 132-136.

黄栄鳳, 王艶偉, 趙有科, 他. 2012. 水熱コントロールによる木材之層状圧縮. 木材学会誌, 58(2): 84-89.

今村博之, 冈本一, 後藤辉男. 1983. 木材利用の化学. 东京: 共立出版株式会社.

井上雅文. 2002. 压缩木研究现状与今后展望. 人造板通讯, 9: 3-6.

林貞行, 伊藤洋一, 三輪義保, 他. 1995. セミプラントシステムによる圧縮成形木材の実用化試験. 岐阜大学農学部研究報告第 60 号別刷: 129-135.

足立幸司, 井上雅文. 2006. 木材の横圧縮加工技術. 木材工業, 61(11): 510-512.

Adachi K, Inoue M, Kawai S. 2005. Deformation behavior of wood by roller pressing. Mokuzai Gakkaishi, 51(4): 234-242.

Beard J N, Rosen H N, Adesanya B A. 1983. Temperature distribution and heat transfer during the drying of lumber. Drying Technology, 1(1): 117-140.

Beard J N, Rosen H N, Adesanya B A. 1985. Temperature distribution in lumber during impingement drying. Wood Science and Technology, 19(3): 277-286.

Boonstra M J, Acker J V, Tjeerdsma B F, et al. 2007. Strength properties of thermally modified softwoods and its relation to polymeric structural wood constituents. Ann Forest Sci, 64(7): 679-690.

Boonstra M J, Tjeerdsma B. 2006. Chemical analysis of heat treated softwoods. Holz Roh Werkst, 64(3): 204-211.

Bramhall G. 1979. Mathematical model for lumber drying: 1-principles involved. Wood Science, 12(1): 14-21.

Buchelt B, Dietrich T, Wagenführ A. 2014. Testing of set recovery of unmodified and furfurylated densified wood by means of water storage and alternating climate tests. Holzforschung, 68(1): 23-28.

Cai J B, Ding T, Yang L. 2012. Dimensional stability of poplar wood after densification combined with heat treatment. Appl Mech Mater, 152-154: 112-116.

Cai Z Y. 2008. A new method of determining moisture gradient in wood. Forest Products Journal, 58(7/8): 41-45.

Chen C, Tu D, Zhou Q, et al. 2020. Development and evaluation of a surface-densified wood composite with an asymmetric structure. Construction and Building Materials, 242: 118007.

Chen S, Obataya E, Ueda M. 2018. Shape fixation of compressed wood by steaming: a mechanism of shape fixation by rearrangement of crystalline cellulose. Wood Science and Technology, 52(5): 1-13.

Chui Y H, Tabarsa T. 2007. Stress-strain response of wood under radial compression part III. Prediction using cellular theory. Journal of the Institute of Wood Science, 17(6): 333-342.

Crank J. 1956. The mathematics of diffusion. Oxford: Clarendon Press.

Dwianto W, Inoue I, Norimoto M. 1997. Fixation of compressive deformation of wood by heat treatment. Mokuzai Gakkaishi, 43(4): 303-309.

Dwianto W, Morooka T, Norimoto M. 1998. The compressive stress relaxation of *Albizia* (*Paraserienthes falcata* Becker) wood during heat treatment. Mokuzai Gakkaishi, 44(6): 403-409.

Dwianto W, Morooka T, Norimoto M. 2000. Compressive creep of wood under high temperature steam. Holzforschung, 54(1): 104-108.

Dwianto W, Morooka T, Norimoto M, et al. 1999. Stress relaxation of Sugi(*Cryptomeria japonica* D. Don)wood in radial compression under high Temperature steam. Holzforschung, 53(5): 541-546.

Dwianto W, Tanaka F, Inoue M, et al. 1996. Crystallinity changes of wood by heat or steam treatment. Wood Research, 83: 47-49.

Erickson H D. 1970. Permeability of southern pine wood: A review. Wood Science, 2(3): 149-158.

Esteves B M, Pereira H M. 2009. Wood modification by heat treatment: a review. Bioresources, 4(1): 370-404.

Fotsing J A M, Tchagang C W. 2005. Experimental determination of the diffusion coefficients of wood in isothermal conditions. Heat and Mass Transfer, 41(11): 977-980.

Fredriksson M, Thybring E. 2018. Scanning or desorption isotherms? Characterising sorption hysteresis of wood. Cellulose, 25: 4477-4485.

Furuta Y, Nakajima M, Nakanii E, et al. 2010. The effects of lignin and hemicelluloses on thermal-softening properties of water-swollen wood. Mokuzai Gakkaishi, 56(3): 132-138.

Furuta Y, Obata Y, Kanayama K. 2001. Thermal-softening properties of water-swollen wood: The relaxation process due to water soluble polysaccharides. Journal of Materials Science, 36: 887-890.

Gao Z, Huang R, Chang J, et al. 2018. Sandwich compression of wood: effects of preheating time and moisture distribution on the formation of compressed layer(s). European Journal of Wood and Wood Products, 77: 219-227.

Gao Z, Huang R, Chang J, et al. 2019. Effects of pressurized superheated-steam heat treatment on set recovery and mechanical properties of surface-compressed wood. Bioresources, 14: 1718-1730.

Gao Z, Huang R, Lu J, et al. 2016. Sandwich compression of wood: control of creating density gradient on lumber thickness and properties of compressed wood. Wood Science and Technology, 50(4): 833-844.

Gérardin P. 2016. New alternatives for wood preservation based on thermal and chemical modification of wood: a review. Annals of Forest Science, 73(3): 559-570.

Gong M, Lamason C, Li L. 2010. Interactive effect of surface densification and post-heat-treatment on aspen wood. Journal of Materials and Processing Technology, 210(2): 293-296.

Goring D A I. 1963. Thermal soft of lignin, hemicellulose and cellulose. Pulp and Paper Magazine of Canada, 64(12): 517-527.

Gréman H, Eräen K, Krogell J, et al. 2011. Kinetics of aqueous extraction of hemicelluloses from spruce in an intensified reactor system. Industrial & Engineering Chemistry Research, 50(7): 3818-3828.

Guo J, Song K L, Salmén L. et al. 2015. Changes of wood cell walls in response to hygro-mechanical steam treatment. Carbohydrate Polymers, 115: 207-214.

Hanhijärvi A. 2000. Advances in the knowledge of the influence of moisture changes on the long-term mechanical performance of timber structures. Materials and Structures, 33: 43-49.

Haque M N. 2007. Analysis of heat and mass transfer during high-temperature drying of *Pinus radiata*. Drying Technology, 25(2): 379-389.

Higashihara T, Morooka T, Hirosawa S, et al. 2000. Permanent fixation of transversely compressed wood by steaming and its mechanism. Mokuzai Gakkaishi, 46(4): 291-297.

Higashihara T, Morooka T, Hirosawa S, et al. 2004. Relationship between changes in chemical components and permanent fixation of compressed wood by steaming or heating. Mokuzai Gakkaishi, 50(3): 159-167.

Higashihara T, Morooka T, Tanaka F, et al. 2003. Permanent fixation of cellulose fiber by steaming and its mechanism. Mokuzai Gakkaishi, 49(4): 260-266.

Hrcka R, Babiak M, Nemeth R. 2008. High temperature effect on diffusion coefficient. Wood Res-slovakia, 53: 37-46.

Huang R, Feng S, Gao Z. 2022. Effect of water/moisture migration in wood preheated by hot press on sandwich compression formation. Holzforschung, 76(11-12): 1003-1012.

Huang R, Lu J, Cao Y. 2010. Effect of heat treatment on properties of Chinese white poplar. China Wood Industry, 24(4): 5-8.

Huang X, Kocaefe D, Kocaefe Y, et al. 2013. Structural analysis of heat-treated birch (*Betule papyrifera*) surface during artificial weathering. Applied Surface Science, 264: 117-127.

Hunt D G.1984.Creep trajectories for beech during moisture changes under load. Journal of Materials Science, 19: 1456-1467.

Hunter A. 1993. On movement of water through wood—The diffusion coefficient. Wood Science and Technology, 27: 401-408.

Imamura H, Okamoto H, Gotou T. 1983. Chemistry of wood utilization. Tokyo: Kyoritsu Shuppan Co., Ltd.

Inoue M, Hamaguchi T, Morooka T, et al. 2000. Fixation of compressive deformation of wood by wet heating under atmospheric pressure. Mokuzai Gakkaishi, 46(4): 298-304.

Inoue M, Kadokawa N, Nishio J, et al. 1993a. Permanent fixation of compressive deformation by hygro-thermal treatment using moisture in wood. Wood Research, 29: 54-61.

Inoue M, Kodama J, Yamamoto Y, et al. 1998. Dimensional stabilization of compressed wood using high-frequency heating. Mokuzai Gakkaishi, 44(6): 410-416.

Inoue M, Morooka T, Rowell R M, et al. 2008. Mechanism of partial fixation of compressed wood based on a matrix non-softening methods. Wood Material Science and Engineering, 3-4: 126-130.

Inoue M, Norimoto M, Otsuka Y, et al. 1990. Surface compression of coniferous wood lumber Ⅰ. A new technique to compress the surface layer. Mokuzai Gakkaishi, 36(11): 969-975.

Inoue M, Norimoto M, Otsuka Y, et al. 1991. Surface compression of coniferous wood lumber Ⅲ. Permanent set of the surface compressed layer by a water solution of low molecular weight phenolic resin. Mokuzai Gakkaishi, 37(3): 234-240.

Inoue M, Norimoto M, Tanahashi M, et al. 1993b. Steam or heat fixation of compressed wood. Wood and Fiber Science, 25(3): 224-235.

Irvine G M. 1984. The glass transitions of lignin and hemicellulose and their measurement by differential thermal analysis . Tappi Journal, 67(5): 118-121.

Ito Y, Tanahashi M, Shigematsu M, et al. 1998. Compressive-molding of wood by high-pressure steam-treatment: part 1. Development of compressively molded squares from thinnings. Holzforschung, 52(2): 211-216.

Kamke F A, Kutnar A. 2010. Transverse compression behavior of wood in saturated steam at 150 to 170℃. Wood and Fiber Science, 42(3): 377-387.

Keckes J, Burgert I, Frühmann K, et al. 2003. Cell-wall recovery after irreversible deformation of wood. Nature Materials, 2(12): 810-813.

Keith C T, Chauret G. 1988. Anatomical studies of CCA penetration associated with conventional(tooth)and with micro(needle)incising. Wood and Fiber Science, 20(2): 197-208.

Kim G H, Yun K E, Kim J J. 1998. Effect of heat treatment on the decay resistance and the bending properties of radiata pine sapwood. Mater Organismen, 32(2): 101-108.

Kitamori A, Jung K, Mori T, et al. 2010. Mechanical properties of compressed wood in accordance with the compression ratio. Mokuzai Gakkaisi, 56(2): 67-78.

Kollmann F P, Kuenzi E W, Stamm A J. 1975. Principles of wood science and technology, Vol. II: wood based materials. Heidelberg: Springer.

Kollmann F, Schneider A. 1963. On the sorption-behaviour of heat stabilized wood. Holz Roh Werkst, 21(3): 77-85.

Kúdela J, Rousek R, Rademacher P, et al. 2018. Influence of pressing parameters on dimensional stability and density of compressed beech wood. European Journal of Wood and Wood Products, 76: 1241-1252.

Kuribayashi T, Ogawa Y, Rochas C, et al. 2016. Hydrothermal transformation of wood cellulose crystals into pseudo-orthorhombic structure by cocrystallization. ACS Macro Letters, 5(6): 730-734.

Kuroda N, Siau J F. 1988. Evidence of nonlinear flow in softwoods from wood permeability measurements. Wood and Fiber Science, 20(1): 162-169.

Kutnar A, Kamke F A. 2012. Influence of temperature and steam environment on set recovery of compressive deformation of wood. Wood Science and Technology, 46(5): 953-964.

Kutnar A, Kamke F A, Sernek M. 2009. Density profile and morphology of viscoelastic thermal compressed wood. Wood Science and Technology, 43(1-2): 57-68.

Laine K, Segerholm K, Wålinder M, et al. 2014. Micromorphological studies of surface densified wood. Journal of Materials Science, 49(5): 2027-2034.

Laine K, Segerholm K, Wålinder M, et al. 2016. Wood densification and thermal modification: Hardness, set-recovery and micromorphology. Wood Science and Technology, 50(5): 883-894.

Lenth C A, Kamke F A. 2001. Moisture dependent softening behavior of wood. Wood and Fiber Science, 33(3): 492-507.

Li R, Gao Z, Huang R, et al. 2018. Effects of preheating temperatures on the formation of sandwich compression and density distribution in the compressed wood. Journal of Wood Science, 64: 751-757.

Liu Y, Norimoto M, Morooka T. 1993. The large compressive deformation of wood in the transverse direction Ⅰ. Relationships between stress-strain diagram and specific gravities of wood. Mokuzai Gakkaishi, 39(10): 1140-1145.

Matsumoto A, Oda H, Arima T, et al. 2012. Effect of hot- pressing on surface drying-set in Sugi columns with pith. Mokuzai Gakkaishi, 58(1): 23-33.

Mittal A, Chatterjee S J, Scott G M, et al. 2009. Modelling xylan solubilisation during autohydrolysis of sugar Maple wood meal: reaction kinetics. Holzforschung, 63(3): 307-314.

Morisato K, Hattori A, Ishimaru Y, et al. 1999. Adsorption of liquids and swelling of wood Ⅴ: Swelling dependence on the adsorption. Mokuzai Gakkaishi, 45(6): 448-454.

Moutee M, Fortin Y, Laghdir A, et al. 2010. Cantilever experimental setup for rheological parameter identification in relation to wood drying. Wood Science and Technology, 44(1): 31-49.

Nairn J A. 2006. Numerical simulations of transverse compression and densification in wood. Wood and Fiber Science, 38(4): 122-139.

Navi P, Girardet F. 2000. Effects of thermo-hydro-mechanical treatment on the structure and properties of wood. Holzforschung, 54(3): 287-293.

Navi P, Heger F. 2004. Combined densification and thermo-hydro-mechanical processing of wood. MRS Bulletin, 29: 332-336.

Navi P, Pizzi A. 2015. Property changes in thermo-hydro-mechanical processing. Holzforschung, 69(7): 863-873.

Norimoto M. 1993. Large compressive deformation in wood. Mokuzai Gakkaishi, 39(8): 867-874.

Norimoto M, Ota C, Akitsu H, et al. 1993. Permanent fixation of bending deformation in wood by heat treatment. Wood Research, 29(1): 23-33.

Olesheimer L J. 1929. Compressed laminated fibrous product and process of making the same: US Patent 1707135.

Olsson A, Salmén L. 1992. Viscoelasticity of in situ lignin as affected by structure. ACS symposium Series, American Chemical Society, 133-143.

Östberg G, Salmén L, Terlecki J. 1990. Softening temperature of moist wood measured by differential calorimetry. Holzforschung, 44(3): 223-225.

Ozyhar T, Hering S, Niemz P. 2013. Moisture-dependent orthotropic tension–compression asymmetry of wood. Holzforschung, 67(4): 395-404.

Pang S. 1997. Mechanical and dielectric relaxations of wood in a low temperature range III: Application of sech law to dielectric properties due to adsorbed water. Drying Technology, 15(2): 651-670.

Peres M L, Ávila Delucis R, Gatto D A, et al. 2016. Mechanical behavior of wood species softened by microwave heating prior to bending. European Journal of Wood and Wood Products, 74: 143-149.

Pfriem A, Dietrich T, Buchelt B. 2012. Furfuryl alcohol impregnation for improved plasticization and fixation during the densification of wood. Holzforschung, 66(2): 215-218.

Placet V, Cisse O, Boubakar M L. 2012. Influence of environmental relative humidity on the tensile and rotational behavior of hemp fibres. Journal of Materials Science, 47: 3435-3446.

Placet V, Passard J, Perré P. 2007. Viscoelastic properties of green wood across the grain measured by harmonic tests in the range 0-95℃: hardwood vs. softwood and normal wood vs. reaction wood. Holzforschung, 61(5): 548-557.

Raghava R, Caddell R M, Gregorys Y Y. 1973. The macroscopic yield behaviour of polymers. Journal of Materials Science, 8: 225-232.

Rautkari L, Honkanen J, Hill C A S, et al. 2014. Mechanical and physical properties of thermally modified Scots pine wood in high pressure reactor under saturated steam at 120, 150 and 180℃. Eur J Wood Prod, 72(1): 33-41.

Rautkari L, Laine K, Laflin N, et al. 2011. Surface modification of Scots pine: the effect of process parameters on the through thickness density profile. J Mater Sci, 46: 4780-4786.

Reilly D T, Burstein A H. 1975. The elastic and ultimate properties of compact bone tissue. Biomechanics, 8: 193-405.

Rofii M N, Kubota S, Kobori H, et al. 2016. Furnish type and mat density effects on temperature and vapor pressure of wood-based panels during hot pressing. Journal of Wood Science, 62: 168-173.

Salmén L, Stevanic J S, Olsson A M. 2016. Contribution of lignin to the strength properties in wood fibres studied by dynamic FTIR spectroscopy and dynamic mechanical analysis(DMA). Holzforschung, 70(12): 1155-1163.

Salmén L. 1982. Temperature and water induced softening behaviour of wood fiber based materials . London: Department of Paper Technology, The Royal Institute of Technology Doctoral Dissertation.

Salmén L. 1984. Viscoelastic properties of in situ lignin under water-saturated conditions. J Mater Sci, 19(9): 3090-3096.

Schmidt J. 1967. Press drying of beech wood. Forest Products Journal, 17(9): 107-113.

Schneider A. 1971. Investigation on the influence of heat treatments within a range of temperature from 100℃ to 200℃ on the modulus of elasticity, maximum crushing strength, and impact work of Pine sapwood and Beechwood. Holzforschung, 29(11): 431-440.

Seborg R M, Tarkow H, Stamm A J. 1953. Effect of heat upon the dimensional stabilization of wood. J Forest Prod Res Soc, 3(3): 59-67.

Shamaev V A, El'kov L V, Popova N I. 1975. Stabilization of wood modified with urea(in Russian). Izv VUZ, Lesnoi Zh, 18(5): 97-101.

Shiraishi N. 1986. Plasticization of wood. Mokuzai Gakkaishi, 32(10): 755-762.

Siau J F. 1984. Transport processes in wood. Berlin, Heidelberg, New York, Tokyo: Springer.

Siau J F. 1995. Wood: Influence of Moisture on Physical Properties. Blacksburg: Department of Wood Science and Forest Products Virginia Tech.

Simpson W T, Danielson J D, Boone R S. 1988. Press-drying plantation-grown loblolly pine 2 by 4's to reduce warp. Forest Products Journal, 38(11/12): 41-48.

Simpson W T, Lin J Y. 1991. Dependence of the water vapor diffusion coefficient of aspen(Populus sp.) on moisture content. Wood Science and Technology, 26: 9-21.

Song J, Chen C, Zhu S, et al. 2018. Processing bulk natural wood into a high-performance structural material. Nature, 554(7691): 224-228.

Springer E L. 1966. Hydrolysis of aspenwood xylan with aqueous solutions of hydrochloric acid. Tappi, 49(3): 102-106.

Stamm A J, Hansen L A. 1937. Minimizing wood shrinkage and swelling effect of heating in various gases. Industrial & Engineering Chemistry Research, 29(7): 831-833.

Stamm A J. 1964. Wood and Cellulose Science. New York: The Ronald Press Company.

Strickler M D. 1959. Effect of press cycle and moisture content on properties of Douglas-fir flakeboard. Forest Prod J, 9(7): 203-215.

Tabarsa T, Chui Y H. 2000. Stress-strain response of wood under radial compression part Ⅰ. Test method and influences of cellular properties. Wood and Fiber Science, 32(2): 144-152.

Tabarsa T, Chui Y H. 2001. Stress-strain response of wood under radial compression part Ⅱ. Effect of species and loading direction. Wood and Fiber Science, 33(2): 223-232.

Takamura N. 1968. Studies on hot pressing and drying process in the production of fiberboard Ⅲ. Softening of fiber components in hot pressing of fiber mat. Mokuzai Gakkaishi, 14(2): 75-79.

Tanahashi M, Goto T, Hori F, et al. 1989. Characterization of steam-exploded wood Ⅲ: Transformation of cellulose crystals and changes of crystallinity. Mokuzai Gakkaishi, 35(7): 654-662.

Tang Y F, Pearson R G, Hart C A, et al. 1994. A numerical model for heat transfer and moisture evaporation processes in hot-press drying-an integral approach. Wood and Fiber Science, 26(1): 78-90.

Tokuda M, Uchisako T, Suzuki N. 2003. Feasibility of surface hardness Sugi board by heated roll-press for flooring board. Wood Industry, 58(3): 112-118.

Tsunematsu S, Yoshihara H. 2006. Influence of the compression radio on the Properties of compressed wood. Wood Industry, 61(4): 146-152.

Tu D, Su X, Zhang T, et al. 2014. Thermo-mechanical densification of Populus tomentosa var. tomentosa with low moisture content. BioResources, 9(3): 3846-3856.

Udaka E, Furuno T. 1998. Heat compression of Sugi (*Cryptomeria japonica*). Mokuzai Gakkaishi, 44(3): 218-222.

Udaka E, Furuno T. 2003. Change of crystalline structure of compressed wood by treatment with a closed heating system. Mokuzai Gakkaishi, 49(1): 1-6.

Udaka E, Furuno T, Inoue M. 2000. Relationship between the set recovery of compressive deformation and the moisture in wood specimens using a closed heating system. Mokuzai Gakkaishi, 46(2): 144-148.

Udaka E, Furuno T, Inoue M. 2005. Relationship between the set recovery of compression deformation and the moisture in wood specimens use a closed heating system. Mokuzai Gakkaishi, 51(3): 153-158.

Uhmeier A, Morooka T, Norimoto M. 1998. Influence of thermal softening and degradation on the Radial compression behavior of wet spruce. Holzforschung, 52: 77-81.

Wålinder M, Omidvar A, Seltman J, et al. 2009. Micromorphological studied of modified wood using a surface preparation technique based on ultraviolet laser ablation. Wood Mat Sci Eng, 1-2: 46-51.

Walsh F J, Watts B L. 1923. Composit Lumber: US Patent 1465383.

Wang J, Cooper P A. 2005a. Vertical density profiles in thermally compressed balsam fir wood. Forest Products Journal, 55(5): 65-68.

Wang J, Cooper P A. 2005b. Effect of grain orientation and surface wetting on vertical density profiles of thermally compressed fir and spruce. Holz als Roh- und Werkstoff, 63(6): 397-402.

Weichert L. 1963. Investigations on sorption and swelling of spruce, beech and compressed beech wood at temperatures between 20℃ and 100℃. Holz Roh Werkst, 21: 290-300.

Wolcott M P, Kamke F A, Dillard D A. 1990. Fundamentals of flakeboard manufacture: viscoelastic behavior of the wood component. Wood and Fiber Science, 22(4): 345-361.

Wolcott M P, Kamke F A, Dillard D A. 1994. Fundamental aspects of wood deformation pertaining to manufacture of wood-base composites. Wood and Fiber Science, 26(4): 496-511.

Wong E D, Zhang M, Wang Q, et al. 1999. Formation of the density profile and its effects on the properties of particleboard . Wood Sci Technology, 33(4): 327-340.

Wu Y, Gao Z. 2022. The relationship between the hydrothermal response of yield stress and the formation of sandwich compressed wood. Journal of Sandwich Structures and Materials, 24(1)101-118.

Wu Y, Qin L, Huang R, et al. 2019. Effects of preheating temperature, preheating time and their interaction on the sandwich structure formation and density profile of sandwich compressed wood. Journal of Wood Science, 65(11): 1-10.

Xiang E, Feng S, Huang R. 2020. Sandwich compression of wood: effect of superheated steam treatment on sandwich compression fixation and its mechanisms. Wood Science and Technology, 54(6): 1529-1549.

Yokoyama M, Kanayama K, Furuta Y, et al. 2000. Mechanical and dielectric relaxations of wood in a low temperature range Ⅲ: Application of sech law to dielectric properties due to adsorbed water. Mokuzai Gakkaishi, 46(3): 173-180.

Yoshihara H, Kurose Y. 2008. Load-deflection behavior of compressed sitka spruce. Wood Industry, 63(5): 214-217.

Yoshihara H, Ohta M. 1994. Stress-strain relationship of wood in the plastic region Ⅱ. Formulation of the equivalent stress-equivalent plastic strain relationship. Mokuzai Gakkaishi, 40(3): 263-267.

Yoshihara H, Ohta M. 1997. Stress-strain relationship of wood in the plastic region Ⅲ. Determination of the yield stress by of formulating the stress-plastic strain relationship. Mokuzai Gakkaishi, 43(6): 464-469.

Yu C M. 2011. Numerical analysis of heat and mass transfer for porous materials. Beijing: Tsinghua University Power Press.

Zhao Y, Wang Z, Iida I, et al. 2015. Studies on pre-treatment by compression for wood drying I: Effects of compression ratio, compression direction and compression speed on the reduction of moisture content in wood. Journal of Wood Science, 61(1): 113-119.